W0070209

HANS RICHARDS

ELEKTRO INSTALLATIONEN

Rudolf Müller

CIP-Kurztitelaufnahme der Deutschen Bibliothek:

Richards, Hans:
Elektroinstallationen
Hans Richards
Orig.-Ausg.
Köln: R. Müller, 1986
(Fachwissen für Heimwerker)

ISBN 3-481-25641-8

ISBN 3-481-25641-8

Originalausgabe
© 1986 Verlagsgesellschaft Rudolf Müller GmbH
Alle Rechte vorbehalten.
Umschlagkonzeption: Günter Heike, Isernhagen
Umschlagfoto: Grauel + Uphoff, Hannover
Fotos: Hans Richards u. Firmen, s. S. 158
Zeichnungen: Hans Richards u. Firmen, s. S. 158
Lektorat: Wilhelm Kirchgässner, Bremen
Satz: Satzstudio Widdig, Köln
Druck: Druckerei A. Hellendoorn, Bad Bentheim
Printed in Germany

90 89 88 87 86   5 4 3 2 1

Inhalt

Einleitung

Zum Buch

In den Regalen der Bau- und Heimwerkermärkte, der Fachabteilungen großer Kaufhäuser und Supermärkte wie auch in Elektrofachgeschäften werden Schalter, Steckdosen und Installationsmaterial seit langem für jedermann zum Kauf angeboten. Dabei ist auch den Inhabern der Fachgeschäfte klar, daß die verkauften Teile irgendwie in die Wand müssen und demzufolge von fremder Hand installiert werden.
Und längst ist die Heimwerkerbewegung überall etabliert. Nur – so scheint mir – vor dieser Realität verschließen manche Vertreter der Zunft, die sich als die offiziellen Sprecher verstehen, weiterhin die Augen und beharren darauf, daß nur der ausgebildete Elektroinstallateur unter Anleitung seines Meisters elektrische Installationen durchführen dürfe. Folglich wurde auch ich mit manchem bedenklichen Blick und Wort belegt, als ich meine Absicht kundtat, dieses Buch zu schreiben.

Bewußter Umgang
mit elektrischem Strom

Dabei geht es mir weder darum, die Elektroinstallateure ihrer zweifellos verantwortungsvollen Tätigkeit zu entbinden, noch darum, absolute Laien oder gar Leute, die Angst vor elektrischem Strom haben, zu Heimelektrikern zu erziehen. Vielmehr möchte ich diejenigen ansprechen, die bisher schon Installationen durchführten oder damit beginnen wollen und sich der Risiken und Gefahren im Umgang mit elektrischem Strom bewußt sind.
Ich möchte Ihnen zeigen, wie die Installationen richtig ausgeführt werden. Ratschläge oder Tips vom Bekannten helfen hier nicht weiter, im Gegenteil: Genaue Kenntnisse sind gerade im Umgang mit elektrischem Strom die Grundbe-

Wer im
Glashaus sitzt ...

dingung dafür, daß nichts passiert. Und wer sich Mühe gibt, wird sicher die Fehler nicht machen, die ich schon bei so mancher von Fachfirmen ausgeführten Installation vorfand. Vorsorglich sei darum an das Sprichwort erinnert, wonach derjenige, der im Glashaus sitzt, nicht mit Steinen werfen sollte.

Sie werden in diesem Buch mehrmals die gleiche Sicherheitsregel lesen, die ich Ihnen besonders ans Herz legen möchte: Beim Arbeiten an elektrischen Installationen, Geräten und Verbrauchern muß stets der Strom abgeschaltet werden. Das geschieht durch Abschalten oder Herausschrauben der Sicherung, wobei sichergestellt sein muß, daß während der Arbeiten niemand die Stromzufuhr einschalten kann.

Was ist Strom?

Die Elektrizität – meist als elektrischer Strom bezeichnet – wird in Kraftwerken, die Kohle, Öl oder Gas verbrennen, in Wasser- oder Atomkraftwerken erzeugt und über ein europäisches Verbundnetz mittels der bekannten Überland-Hochspannungsleitungen zu Transformatorstationen befördert.

Leitung

Dort wird die Elektrizität auf die verbrauchergerechte Spannung von 220/380 Volt heruntertransformiert und über Erdkabel, vereinzelt auch noch mittels Freileitungen dem meist im Kellergeschoß eines Hauses installierten Hausanschlußkasten zugeführt.

Verteiler

Von dort aus führt die Hauptleitung zu den Hauptsicherungen und über den Zählerschrank zum Stromverteiler, wo meist auch die Wohnungs- oder Haussicherungen untergebracht sind.

Stromkreis

Für jeden Stromkreis in Haus oder Wohnung ist eine Sicherung vorhanden. Der Stromkreis führt zu den Schaltern, den »ortsfesten Verbrauchern«, beispielsweise zu den Lampen und Steckdosen. An den Steckdosen werden die »ortsveränderlichen Verbraucher« angeschlossen.

Im Umgang mit elektrischen Verbrauchern trifft man immer wieder auf die Zeichen für Volt, Ampere, Ohm und Kilowatt:

Volt

Die Spannung wird in Volt (V) gemessen und mit »U« bezeichnet. Sie stellt den Druck dar, mit dem der Strom vom Kraftwerk durch die Leitungen fließt, ähnlich dem Druck in einer Wasserleitung, wo Wasser nur fließen kann, wenn Druck vorhanden ist.

Ampere

Die Stärke des Stroms, gemessen in Ampere (A) und mit »I« bezeichnet, ist die Menge der durch die Leitung fließenden Elektrizität innerhalb einer bestimmten Zeit.
Bei einem Wassernetz entspricht dies der gezapften Literzahl pro Zeiteinheit. Und um nochmals mit dem Wassernetz zu vergleichen: Kein Wasser fließt, wenn der Wasserdruck nicht ausreicht oder der Hahn geschlossen ist. Nur wenig Wasser fließt, wenn der Widerstand im Netz zu groß ist. Auf den Strom übertragen: er fließt nicht, wenn kein Verbraucher angeschlossen ist. Nur wenig Strom fließt, wenn die Spannung (der Druck) gering ist. Und schließlich fließt um so mehr Strom, je geringer der Widerstand im Stromkreis ist.

Ohm

Der elektrische Widerstand wird in Ω (Ohm) gemessen und mit »R« bezeichnet. Ein dünner Draht setzt dem Strom mehr Widerstand entgegen als ein dicker. Bei Glühlampen oder Kochplatten wird der Widerstand zur Erzeugung von Licht oder Wärme ausgenutzt. Für die Bemessung der Leitungsquerschnitte aber spielt der elektrische Widerstand eine nicht minder große Rolle: Erwärmung in der häuslichen Stromleitung ist nicht gerade erwünscht.

Wechsel- und Gleichstrom

Wir unterscheiden Wechsel- und Gleichstrom. Wechselstrom liegt mit 220 V $\sim$ an unseren Steckdosen an. Mit Gleichstrom werden beispielsweise Spielzeugeisenbahnen angetrieben. Dafür wird Wechselstrom beispielsweise durch einen »Trafo« heruntertransformiert und auf 12 V gleichgerichtet.

Watt

Mit Watt (W) wird die Elektrizitätsmenge bezeichnet, die ein Gerät oder eine Lampe verbraucht. 1000 Watt werden kurz als ein Kilowatt (kW) bezeichnet.

Der Hausanschluß

Im Hausanschlußkasten enden die Leitungen des Elektrizitätsversorgungsunternehmens (EVU). Über Erdkabel, auf dem Land auch über Freileitungen, wird der Strom bis zu diesem Kasten im Haus geleitet, der meist im Keller untergebracht ist. Hier sitzen die Hauptsicherungen. Der Hausanschlußkasten ist plombiert und darf nur vom EVU oder von lizenzierten Elektroinstallateuren geöffnet werden.

In älteren Anlagen enden die Anschlußleitungen an den Hauptsicherungen direkt beim Zähler. Bei modernen Installationen führt eine Hauptleitung vom Hausanschlußkasten über den Zählerschrank zu je einem Stromkreisverteiler pro Wohnung.

Sicherungen

Zählervor- oder Zählerabgangssicherungen sind der Wohnungsinstallation vorgeschaltet. Daher brennen bei einer Überlastung nicht gleich die Hauptsicherungen durch. Außerdem kann das EVU oder der Installateur die gesamte Wohneinheit freischalten – spannungsfrei machen –, ohne anderen Wohnungen die Energie wegzunehmen.

Zählervorsicherungen und der Zähler selbst sind ebenfalls plombiert. Elektro-Heimwerker dürfen auch daran nicht tätig werden, selbst wenn sie über Kenntnisse und Praxis verfügen.

Drehstrom

Hauptleitungen werden heute als Drehstromleitungen mit vier Adern (Drähten) verlegt. Die stromführenden Phasen L1, L2 und L3 heißen auch Außenleiter 1, 2 und 3, früher als R, S, T bezeichnet. Mit ihnen kommt die Spannung ins Haus.

Wechselspannung

Sie wird Wechselspannung genannt, weil sie sich fünfzigmal pro Sekunde auf- und abbaut. Das geschieht phasenverschoben, also in den drei Leitungen nicht zeitgleich. Darum müssen diese Leitungen voneinander getrennt bleiben.

Erdung

Der gemeinsame Mittelleiter N hieß früher Mp. Zusätzlich ist noch der Schutzleiter PE erforderlich, der früher SL hieß und nur am metallenen Wasserrohrnetz geerdet war. Diese Art Erdung alleine ist nicht mehr zulässig. Bei Neubauten ist zusätzlich ein Fundamenterder anzubringen, an dem auch die Blitzschutz-, Antennen- und Fernmeldeanlage geerdet werden können, damit zwischen ihnen niemals eine Spannung (ein Potential) entstehen kann.

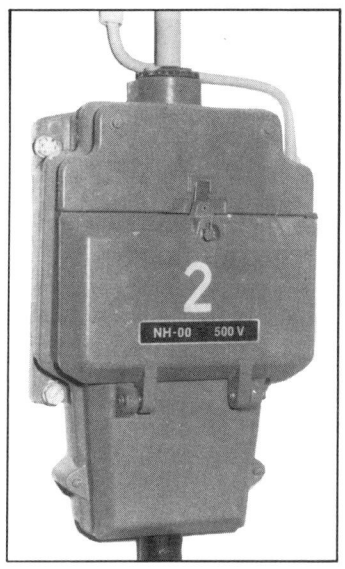

1 *(links oben)*
Der Hausanschlußkasten
ist meist im Keller instal-
liert und enthält oft auch
die Hauptsicherungen.

2 *(rechts oben)*
Dieser Zählerschrank ist
zugleich auch Stromkreis-
verteiler.

3 *(links unten)*
Der Zähler zeigt den
Stromverbrauch an.

4 *(rechts unten)*
Separate Stromkreisvertei-
ler sind immer dann vor-
handen, wenn der Zähler in
einem eigenen Schrank
untergebracht ist.

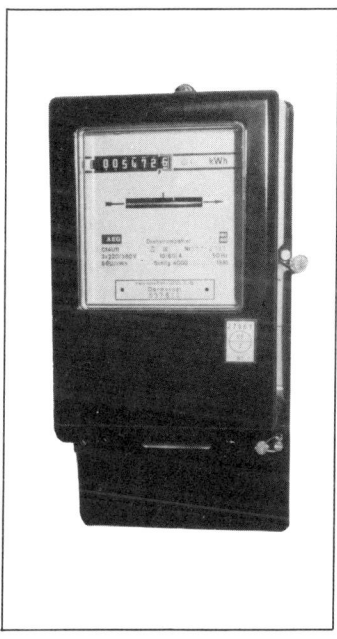

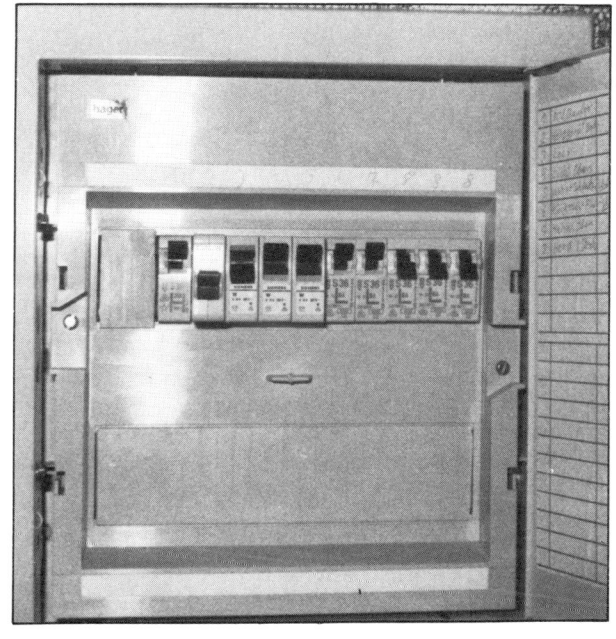

Fachmanns Sache

In Altbauten ist bei Änderungen und Erweiterungen der elektrischen Installationsanlage der Potentialausgleich bei Bedarf nachträglich herzustellen. In beiden Fällen, also bei Neubau oder Erweiterung im Altbau sollte der Installateur herangezogen werden.

Zähler

Der Zähler zeigt mit den von außen ablesbaren Zahlen den Stromverbrauch in Kilowattstunden (kWh) an. Je nach Art der Installation wird ein Wechselstrom- oder Drehstromzähler eingebaut.

Im Wechselstromnetz können nur 220 Volt abgenommen werden, was der Wechselstromzähler dann auch registriert. Der Drehstromzähler dagegen gibt den verbrauchten Drehstrom mit 380 Volt Spannung und auch Wechselstrom mit 220 V Spannung an, die beide von dem im Drehstrom angeschlossenen Stromkreisverteiler aus fließen.

Verteiler

Im Stromkreisverteiler sind Sicherungsautomaten oder Schmelzsicherungen als Überstromschutzorgane für die Stromkreise und je nach elektrischer Wohnungsinstallation Schütze, Relais und Schaltuhren eingebaut.

Stromkreise

Die Anzahl der Stromkreise für Steckdosen und Beleuchtung in Wohnungen ist in Tabelle 1 angegeben. Zusätzlich können Stromkreise für Keller- und Dachbodenräume sowie für den Hobbyraum erforderlich sein.

Anzahl der Stromkreise

Wohnfläche der Wohnung (in m²)	Anzahl der Stromkreise	
	Mindestausstattung	Ausstattung mit höheren Ansprüchen
bis 45	2	3
über 45 bis 55	3	4
über 55 bis 75	4	6
über 75 bis 100	5	7
über 100	6	8

Tabelle 1

Wozu Sicherungen?

Je mehr Strom durch eine Leitung fließt, desto wärmer wird sie. Fließt mehr Strom als die Leitung ohne Hitzeschaden transportieren kann, so muß ein vorgeschaltetes Überstromschutzorgan den weiteren Stromfluß unterbinden.

Brandgefahr

Kurzschluß

Andernfalls kann die Leitung glühen und einen Brand auslösen. Zu starke Ströme fließen, wenn ein oder mehrere Verbraucher den Stromkreis zu stark belasten oder beim Kurzschluß. Kurzschluß entsteht, wenn sich Leitungen an denen Spannung mit unterschiedlichen Phasen anliegt, berühren oder aber mit dem Mittelleiter oder dem Schutzleiter in Berührung kommen.

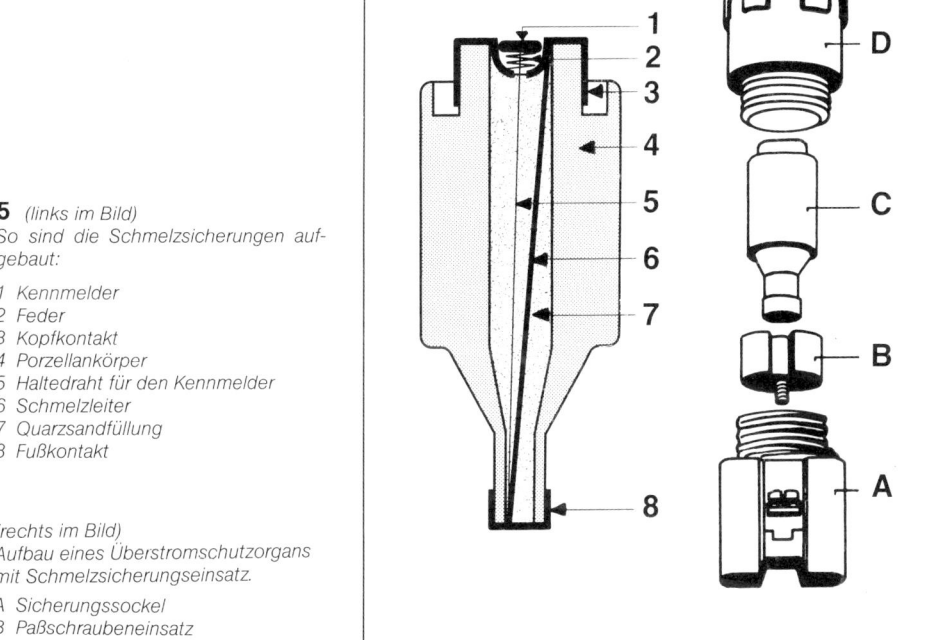

5 *(links im Bild)*
So sind die Schmelzsicherungen aufgebaut:

1 Kennmelder
2 Feder
3 Kopfkontakt
4 Porzellankörper
5 Haltedraht für den Kennmelder
6 Schmelzleiter
7 Quarzsandfüllung
8 Fußkontakt

(rechts im Bild)
Aufbau eines Überstromschutzorgans mit Schmelzsicherungseinsatz.

A Sicherungssockel
B Paßschraubeneinsatz
C Sicherungseinsatz
D Schraubkappe

Überstromschutzorgane

Bekannt sind zwei Formen von Überstromschutzorganen: Schmelzsicherungen und Sicherungsautomaten. Schmelzsicherungen sind aus Porzellan hergestellt. Kopf- und Fußkontakt sind durch die Sicherung hindurch mit einem Schmelzleiter verbunden. Am Kopfkontakt ist ein Kennmelder als farbiger Punkt sichtbar.

Durchgebrannte Sicherung

Sobald ein zu hoher Strom fließt, schmilzt der Schmelzleiter: die Sicherung »brennt durch«. Wenn der farbige Punkt abgefallen ist, bedeutet dies ein von außen sichtbares Zeichen dafür, daß die Sicherung unbrauchbar geworden ist. Gelegentlich bleibt der Punkt auf der Sicherung sitzen. Im Zweifel hilft genaue Betrachtung nach dem Herausschrauben. Die Schmelzsicherung ist mit ihrem Fußkontakt in einen Sicherungssockel eingeschoben und wird von einer Schraubkappe umgeben. Diese Kappe verhindert die Gefahr, daß spannungsführende Teile berührt werden können. Voraussetzung ist allerdings, daß die kleine Glasscheibe an der Vorderseite der Schraubkappe noch vorhanden ist.

Sicherungssockel/Paßschraube

Der Sicherungssockel – auch Paßschraube genannt – paßt nur für den Fußkontakt der jeweils vorgesehenen Schmelzsicherung. Damit wird verhindert, daß im Sicherungskasten etwa eine 16-Ampere-Sicherung durch eine für 20 oder 25 Ampere ersetzt werden kann. Eine Ausnahme besteht bei 10-A-Schmelzsicherungen. Sie gibt es auch mit einem Fußkontakt für 6-A-Sicherungssockel, so daß 6-A-Stromkreise auch mit 10 A abgesichert werden können.

Farbliche Kennzeichnung der Sicherungssockel und Kennmelder sowie Gewindegrößen der Schraubkappen

Nennstrom (in A)	Kennfarbe	Gewindegröße			
		E 27	E 33	E 14	E 18
6	grün	X		X	
10	rot	X		X	
16	grau	X		X	
20	blau	X			X
25	gelb	X			X
35	schwarz		X		X
50	weiß		X		X
63	kupfer		X		X

Tabelle 2

Kennzeichnungen

In Tabelle 2 sind die farblichen Kennzeichnungen von Sicherungssockeln und Kennmeldern sowie die verschiedenen Gewindegrößen der Schraubkappen dargestellt.
Bitte denken Sie daran: Wegen der geschilderten Brandgefahr dürfen Schmelzsicherungen in keinem Fall geflickt oder überbrückt werden!
Anstelle der Schmelzsicherungen können in vorhandene Anlagen Sicherungsschraubautomaten mit den entsprechenden A-Größen eingeschraubt werden. Der Sicherungssockel verhindert auch hier das Einschrauben einer Automatensicherung mit zu großer Leistung.

Stromkreisunterbrechung

Um einen Stromkreis zu unterbrechen, also spannungsfrei zu machen, wird der kleine Knopf am vorderen Außenrand gedrückt. Dann springt der in der Mitte angeordnete Knopf des Schraubautomaten heraus. Er muß hineingedrückt werden, wenn der Stromkreis wieder geschlossen werden soll.

Neue Sicherungen

Bei neuen Installationen werden Sicherungsautomaten in Schmalbauweise eingebaut. Sie sind mit einer Schnappbefestigung jederzeit wieder lösbar auf eine Tragschiene geklemmt. Zum Ein- oder Ausschalten des jeweiligen Stromkreises ist vorn ein Kipphebel eingebaut.

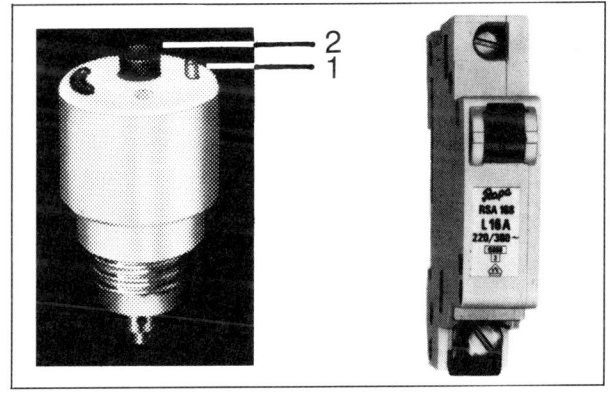

6 *(links im Bild)*
Der Schraubautomat läßt sich anstelle der Schmelzsicherung leicht einschrauben.
1 Ausschaltknopf
2 Einschaltknopf

(rechts im Bild)
Sicherungsautomaten sollte der Elektroinstallateur einbauen.

Überbelastung des
Stromkreises

Wenn eine Schmelzsicherung defekt ist, oder ein Sicherungsautomat den Stromkreis unterbrochen hat, ist das ein Anzeichen dafür, daß der Stromkreis überlastet ist. Ursache ist entweder ein zu hoher Verbrauch oder ein Fehler, der im Leitungsnetz oder in einem angeschlossenen Verbraucher zu suchen ist. Ein sicheres Zeichen für einen Fehler im Leitungsnetz liegt dann vor, wenn kein Verbraucher angeschlossen ist und die Sicherung trotzdem anspricht. Der Fehler im Verbraucher löst immer dann die Sicherung aus, wenn der Verbraucher an das Netz angeschlossen wird und keine Überlast vorliegt. Eine reine Überlast aber verschwindet, wenn ein oder zwei Verbraucher vom Netz abgeklemmt sind. Schließt man sie dann nacheinander an, so zeigt sich, ob ein Fehler in einem der Verbraucher vorliegt.

Sicherungswechsel

Schmelzeinsätze und Schraubautomaten können mühelos von jedermann gewechselt werden. Defekte Sicherungsautomaten aber sollte der Installateur wechseln, weil zum Freischalten die plombierten Zählervorsicherungen oder in neueren Installationen die Zählernachsicherungen herausgeschraubt werden müssen. Ein Automatenwechseln ohne Leitungsfreischalten wäre sträflicher Leichtsinn!

Sicherheitsregeln

Der Umgang mit elektrischen Anlagen und Verbrauchern erfordert ein hohes Maß an Aufmerksamkeit und die Bereitschaft zu exaktem Handeln. Schon der geringste Fehler kann lebensgefährliche Folgen haben. Nachfolgend darum einige Regeln, die unbedingt beachtet werden müssen:

● Kaufen Sie nur Elektrogeräte und Installationsmaterialien, die das VDE-, das VDE/GS-Zeichen oder das »E«-Zeichen tragen. Geprüfte Leitungen tragen das VDE-Zeichen oder einen schwarz-roten Kennfaden.

● Verbraucher mit erkennbaren Defekten sind sofort vom Stromnetz zu trennen: Gerät ausschalten, den Netzstecker ziehen oder die Sicherung des Stromkreises unterbrechen. Schon ein leichtes »Kribbeln« zeigt einen Defekt an.

● Beseitigen Sie eventuelle Mängel möglichst bald.

● Schadhafte Kabel niemals flicken oder mit Klebeband isolieren oder mit Lüsterklemmen verbinden!

● Schadhafte Stecker und Kupplungen niemals flicken, mit Klebeband isolieren oder schadhaft weiterbenutzen!

● Zum Reinigen oder Reparieren eines Verbrauchers stets den Netzstecker ziehen oder den Stromkreis freischalten (stromlos machen).

● Doppel- oder Mehrfachstecker mit festmontiertem Stecker sowie Lampenfassungsstecker sind verboten! Leider sind derartige Teile noch immer im Handel zu haben.

● Gerätestecker mit Federkabelentlastungen sind verboten! Sie waren früher beispielsweise bei Staubsaugern oder Bügeleisen üblich.

● Niemals an spannungsführenden Teilen arbeiten! Sorgen Sie dafür, daß der Stromkreis stromlos ist und stellen Sie sicher, daß Sicherung und Schalter nicht plötzlich doch betätigt werden. (Hinweis anbringen, einen Helfer beauftragen und so weiter.)

● Schalter, Steckdosen, Abzweigdosen und Verbraucher dürfen keine Defekte zeigen. Die Berührung offenliegender Drähte kann tödlich sein.

● Schützen Sie Ihre Kinder durch den Einsatz von Steckdosensicherungen.

● Es gibt Bauteile, die elektrische Energie speichern, beispielsweise Kondensatoren in Radios und Fernsehern. Beim Berühren metallischer Geräteteile und nicht isolierter Leitungen muß deshalb auch bei abgeschalteten Geräten Vorsicht walten.

● Bevor Sie Dübel, Nägel oder Haken in einer Wand befestigen wollen, muß der Verlauf der elektrischen Leitungen geprüft werden. Dafür gibt es Leitungssuchgeräte.

● Elektrische Leitungen sollen von Steckdosen und Schaltern aus zu den Abzweigdosen senkrecht oder waagerecht und möglichst 20 bis 30 Zentimeter unter der Decke oder über dem Fußboden verlaufen. Darauf sollte man sich jedoch nicht verlassen.

● Vermeiden Sie frei herumliegende Kabel. Zu leicht kann man darüber stolpern und sich auch ohne Strom verletzen.

● Geben Sie keine Ratschläge – auch dann nicht, wenn Sie selbst sicher sind. Ihr Gesprächspartner könnte Sie mißverstehen.

Drehstrom

Die Drehstromgeneratoren in Kraftwerken erzeugen eine Dreiphasen-Wechselspannung – allgemein als Drehstrom bezeichnet.

Im Leitungsnetz liegen zwischen L1 und L2 oder zwischen L1 und L3 oder zwischen L2 und L3 jeweils 380 V Spannung an.

An ein Dreiphasen-Wechselspannungsnetz angeschlossen werden häufig Motoren, elektrische Kochherde, Badespeicher und Durchlauferhitzer.

Vom Stromkreisverteiler aus bildet jede Phase zu einem Verbraucher einen selbständigen Stromkreis und ist getrennt abgesichert. Wird beispielsweise ein Heizlüfter an einer Steckdose angeschlossen, so erhält er Wechsel-

Wechselspannung

spannung. Dabei ist eine Phase des Leitungsnetzes – entweder L1, L2 oder L3 – zusammen mit dem Mittelleiter N als Stromkreis geschaltet, in dem dann 220 V Wechselspannung fließen.

7
Dieses Zeichen steht für geprüfte Sicherheit: geprüft von der VDE-Prüfstelle (Verein Deutscher Elektrotechniker e.V., Frankfurt).

8

Das Prüfsiegel der Prüfgemeinschaft der Elektrizitätswerke erhalten die als sicher beurteilten Geräte.

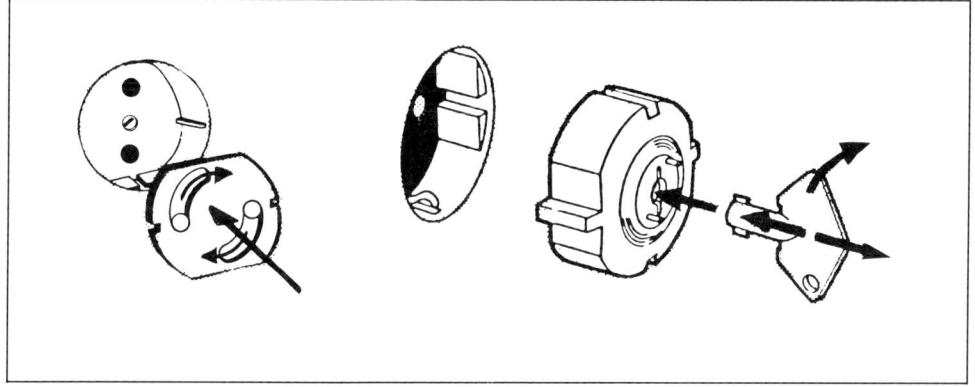

9

Steckdosensicherungen schützen Kinder vor den lebensgefährlichen Folgen ihres Forschungsdranges.

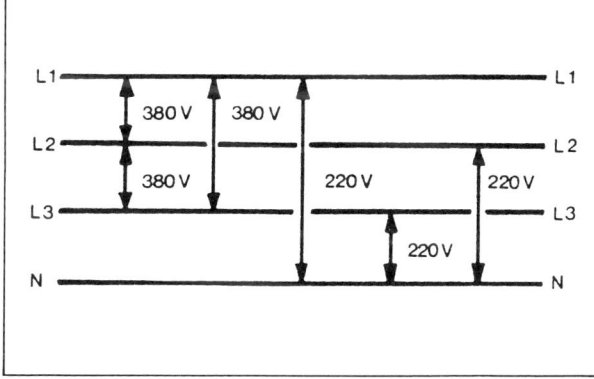

10

Je nach Art der Abnahme stehen in unseren Netzen 220 V oder 380 V zur Verfügung.

Schutzarten

Schwachstrom/
Schutzkleinspannung

Zeichen

Schutzisolierung

Europa-Stecker

Schutztrennung

Als Schwachstrom wird im allgemeinen Sprachgebrauch die sogenannte Schutzkleinspannung bezeichnet. Sie verdient diesen Namen nur dann, wenn Stromkreise bis 50 V Wechselspannung beziehungsweise 120 V Gleichspannung ungeerdet betrieben werden. Diese Schutzkleinspannung bedeutet bei Berührung noch keine Gefahr für den Menschen.

Bei elektromotorisch angetriebenem Spielzeug darf die Schutzkleinspannung nur bis zu 24 V betragen.

Stromkreise, die mit Schutzkleinspannung betrieben werden, dürfen an keiner Stelle geerdet und schon gar nicht mit einer Anlage höherer Spannung, einem Nulleiter oder Schutzleiter leitend verbunden werden.

Zur Erzeugung von Schutzkleinspannung dürfen darum auch nur Akkumulatoren, Batterien und spezielle Transformatoren verwendet werden. Bei diesen Transformatoren gibt es zwischen der Wicklung der Primärseite und der Wicklung der Sekundärseite keine leitende Verbindung. Ein solcher Transformator muß mit einem der in Bild 11 dargestellten Zeichen gekennzeichnet sein.

Die Schutzisolierung wird bei vielen Haushalts-, Rundfunk-, Fernseh- und Kleingeräten, wie beispielsweise Elektrorasierern angewandt. Dabei muß das entsprechende Gerät so mit Isolierstoff bedeckt sein, daß an Spannung liegende Metallteile auf keinerlei Weise berührt werden können.

Die am Gerät fest angeschlossene bewegliche Anschlußleitung enthält keinen Schutzleiter und hat einen anvulkanisierten Stecker. Der Stecker paßt zwar in eine Schutzkontaktsteckdose, darf aber keinen Schutzkontakt besitzen. Wegen der in vielen Ländern verbreiteten flachen Bauform wird dieser Stecker als »Europa-Stecker« bezeichnet.

Die Schutzmaßnahme »Schutztrennung« wird beispielsweise bei Rasiersteckdosen in Hotels verwendet. Im privaten Bereich ist diese Schutzart kaum anzutreffen.

Die genannten Schutzmaßnahmen – Schutzkleinspannung, Schutzisolierung und Schutztrennung – sollen eine zu hohe Berührungsspannung verhindern. Sie sind jedoch nicht uneingeschränkt für alle Fälle geeignet. Deswegen ist die heute überwiegend angewandte Schutzmaßnahme gegen eine zu hohe Berührungsspannung der »Schutz durch Abschaltung oder Meldung«.

	gekapselter Sicherheitstransformator
	offener Sicherheitstransformator
	unbedingt kurzschlußfester Transformator
	Spielzeugtransformator
	Klingeltransformator

11
Eines dieser Zeichen sollte ein Transformator tragen, wenn er im privaten Bereich benutzt wird.

12
Auf diesem Typenschild ist auch das Kennzeichen für die Schutzisolierung ▣ dargestellt. Außerdem ist dem Schild folgendes zu entnehmen: Das Gerät wird mit 220 V Wechselstrom bei einer Frequenz von 50 Hertz betrieben und verbraucht 200 Watt. Es hat einen Ausgang von 12 V Gleichstrom (=, auch −). KB 12 sagt, daß das Gerät nur kurze Zeit betrieben und dabei nicht länger als 12 Minuten laufen soll. Das Gerät ist funkentstört und auf Sicherheit geprüft.

Begriffsdefinition

Die Schutzmaßnahmen werden heute nach der Netzform definiert. Begriffe wie »Nullung« für Abschaltung und »Fl-Schutzschaltung«, auch »schnelle Nullung« genannt, sind durch »Schutz durch Abschaltung und Meldung« ersetzt und werden nicht mehr verwendet.

Beim Schutz durch Abschalten (früher Nullung) wird vom TN-Netz gesprochen. Dabei sind alle leitenden Teile der Konstruktion elektrischer Verbraucher über einen Mittelleiter oder über einen Schutzleiter, der mit dem Mittelleiter leitend verbunden ist, vom EVU her geerdet. Bei einem Kurzschluß spricht das im Stromkreis vorgeschaltete Überstromschutzorgan – die Schmelzsicherung oder der Sicherungsautomat – an und schaltet den Stromkreis des defekten Verbrauchers ab.

Neubau/Altbau

Bei Neubauten ist nur noch die Nullung über einen besonderen Schutzleiter – die indirekte oder moderne Nullung – zulässig, die heute mit TN-S-Netz bezeichnet wird. Die Nullung ohne besonderen Schutzleiter – direkte oder klassische Nullung genannt – ist in Altbauten, auch in Nachkriegs-Häusern allerdings noch immer anzutreffen. Sie wird von der Fachwelt mit dem Begriff TN-C-Netz benannt. Zwischen Stromversorger und Hausanschluß gibt es – wie gesagt – die drei mit Spannung belegten Leiter und den Nulleiter. Im Haus wird der Nulleiter bei einer modernen Installation in den Mittelleiter und den Schutzleiter aufgeteilt. Das bedeutet einen Gewinn an Zuverlässigkeit, weil eine Unterbrechung des Schutzleiters nur die Schutzwirkung aufhebt. Wird dagegen der Mittelleiter unterbrochen, nimmt das abgetrennte Leitungsstück eine Berührungsspannung an, die sich auf alle sonst noch angeschlossenen und genullten Geräte überträgt, ohne daß diese etwa defekt wären.

Fehlerstrom-Schutzschaltung

Eine inzwischen schon weitverbreitete Schutzmaßnahme ist die Fehlerstrom-Schutzschaltung, fachlich bisher FI-Schutzschaltung genannt. Sie ist nun im TT-Netz fachlich eingeordnet.

Bei richtiger Anwendung erhöht diese Schaltung die elektrische Sicherheit gegenüber der herkömmlichen Nullung und bietet einen weitgehenden Schutz der Person, sogar beim Berühren von spannungsführenden Teilen. Der Einbau dieser Schutzmaßnahme sollte jedoch unbedingt einem Elektroinstallateur überlassen werden, zumal der Einbau in Stromnetze mit der direkten oder klassischen Nullung Probleme mit sich bringt.

PEN-Leiter

Bei Erweiterungen in häuslichen Installationen kann es der Fall sein, daß die klassische Nullung des TN-C-Netzes mit der modernen Nullung des TN-S-Netzes zusammentrifft. Man spricht dann vom TN-C-S-Netz. Dabei sind die Funktionen des Neutralleiters und des Schutzleiters in einem Teil des Netzes in einem einzigen Leiter, PEN-Leiter genannt, zusammengefaßt.

Maßnahmen zur Ersten Hilfe bei Unfällen durch elektrischen Strom

Nach der Höhe der einwirkenden Spannung unterteilen wir Unfälle mit elektrischem Strom in Niederspannungsunfälle (unter 1000 Volt – in 1,5 Prozent der Fälle tödlich) und in Hochspannungsunfälle (über 1000 Volt – in 14 Prozent der Fälle tödlich). Beide Unfalltypen zeigen unterschiedliche Folgen für den Patienten.

Niederspannungsunfälle:
Der elektrische Strom wirkt auf das Reizleitungssystem des Herzens, Herzkammerflimmern bis zum Herzstillstand sind die Folgen. Dabei zeigt die Längsdurchströmung (Arm – Fuß) durch den größeren auf das Herz wirkenden Anteil des Gesamtstromes gefährlichere Folgen bei gleicher Stromstärke und Einwirkungsdauer.

Hochspannungsunfälle:
Die häufigsten Folgen sind oberflächliche Verbrennungen aller Gradationen und Verkochungen des Tiefengewebes. Strommarken mit Verbrennungen 3. bis 4. Grades markieren die Ein- und Austrittsstellen des Stromes. Bei Lichtbogenverbrennungen kommt es bei Temperaturen bis zu 4000 °C zur völligen Verkohlung im Bereich der Einwirkung. Bei Schädigung des Gewebes kommt es durch Eiweißfreisetzung und Elektrolytverschiebung häufig zu Schock und Nierenversagen in der Folge.

Vor jeder Ersten Hilfe und jedem Eingreifen in eine elektrische Anlage sind Sicherungsmaßnahmen durchzuführen:

1. Stromkreis unterbrechen
2. gegen Wiedereinschalten sichern
3. Spannungsfreiheit feststellen
4. erden und kurzschließen
5. benachbarte, unter Spannung stehende Teile abdecken oder abschranken.

In Hochspannungsanlagen bleiben diese Maßnahmen dem Fachpersonal vorbehalten. Im Niederspannungsbereich kann der Helfer u. U. nach seiner eigenen Isolierung den Verunglückten vom Stromkontakt wegziehen.

Wichtig ist das Vermeiden einer Gefährdung des Rettungspersonals, das erst jetzt zum Einsatz kommt: 1. Kontrolle der Vitalfunktionen, 2. Durchführung der notwendigen Rettungsarbeiten, 3. Herstellung der Transportfähigkeit und Beginn der medizinischen Versorgung. Bei Hochspannungsunfällen ist häufig brennende Kleidung zunächst zu löschen; u. U. ist die eigene schnell ausgezogene Jacke sehr viel schneller einzusetzen als die Löschdecke. Verbrannte Gliedmaßen sind möglich 10 bis 15 Minuten unter fließendes Wasser halten. Sofern nicht festgeklebt, wird die Kleidung entfernt. Die Wunden bedürfen einer sterilen Abdeckung.

Nur bei bewußtseinsklaren Verletzten kann bei Zeichen des Schocks Wasser oder Tee gegeben werden (Seitenlage).

Die Bewußtlosigkeit erfordert Atem- und Pulskontrolle, bei Atemstillstand sofortige Beatmung.

Die Bewußtlosigkeit, fehlende Atembewegungen des Brustkorbes und des Bauchraumes und kein Atemluftstrom sichern die Diagnose des Atemstillstandes. Ihnen folgt nach spätestens 5 Minuten der Kreislaufstillstand mit fehlendem Carotispuls, weiten, reaktionslosen Pupillen und fahlgrauer Hautfarbe.

Deutliche Einschränkung oder Stillstand der vitalen Funktionen sind die Indikation für die Wiederbelebung (Reanimation).

Atemspende ohne Hilfsmittel ist eine Notlösung, um bei vorhandenem Carotispuls die Zeit bis zum Eintreten der Spontanatmung und dem Heranschaffen einfacher Geräte (Tuben, Beatmungsbeutel und -maske) zu überbrücken.

Die Herzmassage erfolgt stets in Verbindung mit der Atemspende bei jedem Kreislaufstillstand. Der Patient liegt mit hochgelagerten Beinen auf flacher, harter Unterlage. Der Druck erfolgt mit gestreckten Armen durch Verlagerung des eigenen Körpergewichtes auf das hintere Brustbeindrittel. Es wird etwa 5 cm tief eingedrückt.

Bei Säuglingen und Kleinkindern erhöht sich die Massagefrequenz (bis zu 140mal pro Minute, selbstverständlich geringerer Druck, geringere Kompressionstiefe, Druckpunkt ist das mittlere Brustbein). Die Frequenz der Massage beträgt bei Erwachsenen 60 bis 80 mal pro Minute.

Bei Beginn des Herz-Kreislaufstillstandes kann ein auf die Mitte des Brustbeines ausgeübter Schlag das Wiedereinsetzen der Herzreaktion bewirken. Dieser präcordiale Schlag ist nur bei Erwachsenen anzuwenden.

Das Herzkammerflimmern kann i.d.R. nur durch die Defibrillation (Stromstoß) als ärztliche Maßnahme beseitigt werden.

Tritt ein Schock ein, sollen alle Maßnahmen der Schockbekämpfung (Schocklage, Infusion, Wärmeerhaltung) angewendet werden.

Gutausgebildete Erst-Helfer, die ihr Wissen durch Herz-Lungen-Wiederbelebungskurse erweitert haben und regelmäßig ihr Können auffrischen, leisten wirkungsvolle Soforthilfe bei elektrischen Unfällen.

Dr. Claus Gehlhaar
Arbeiter-Samariter-Bund
Landesschule Bremen

Grundlagen
der Elektroinstallation

Das Wichtigste bleibt unsichtbar

Moderne Elektroinstallationen sind technisch ausgereift. Sie sind kaum wahrnehmbar und passen sich harmonisch dem heutigen Wohnstil an. So sind Leitungen unter Putz verlegt, die Verteilerdosen übertapeziert.
Die Hersteller von Steckdosen und Schaltern versuchen, dem jeweils zeitgemäßen Geschmack beim Design ihrer Produkte zu entsprechen. Dabei ist es noch nicht lange her, daß die elektrischen Leitungen sichtbar auf der Oberfläche der Wände und Decken verlegt wurden. Die Steckdosen und Schalter waren auf den Putz montiert.

Auf Putz – unter Putz

Es galt schon als Fortschritt, wenn die Gehäuse der Geräte – anfangs aus schwarzem oder braunem Kunststoff – das vornehme Weiß zeigten. Heute sind Aufputzleitungen, wenn überhaupt, in Keller oder Garage verbannt. Doch gibt es heute noch genügend Installationen aus jener Zeit, als Leitungen grundsätzlich an die Wand genagelt wurden. Wer an einer solchen Installation Erweiterungen vornehmen will, wird gelegentlich Schwierigkeiten haben, die entsprechenden Aufputzschalter und Steckdosen im Handel zu erwerben. Bei der Renovierung einer Wohnung sollte denn auch die Gelegenheit genutzt werden, die elektrische Installation unter den Putz zu verlegen.

Werkzeug

Zur Ausführung elektrischer Arbeiten ist gutes Werkzeug erforderlich. Die Mindestausstattung der Elektro-Heimwerkstatt wird in Bild 13 vorgestellt. Dabei ist zu beachten, daß die Werkzeuge ausreichend isoliert sein müssen, wenn es auch als oberstes Gebot gilt, daß Arbeiten nur an spannungsfrei geschalteten Leitungen erfolgen dürfen. Ein

Arbeit nur an
spannungsfreien Leitungen!

13
*Die Werkzeuge des Elektro-
Heimwerkers:*

1 Kombinationszange,
2 Spitzzange,
3 Seitenschneider,
4 Abmantelzange,
5 Universalmesser,
6 Schraubendreher,
7 Einpoliger Spannungsprüfer,
8 Abisolierzange.

Grund für die doppelte Vorsicht: Bei alten Installationen kommt es – glücklicherweise vereinzelt – vor, daß bei stromlos geschaltetem ersten Stock noch immer Spannung anliegt, weil vor vielen Jahren der Sohn der Mieter im Parterre ein Zimmer im ersten Stock benutzte und deswegen eine Leitung vom Parterre-Stromkreis nach oben verlegt wurde. Dies ist nur ein Beispiel von vielen.
Symbole und Bildzeichen werden bei Stromlauf- wie auch bei Wirk- und Installationsplänen verwendet. Die innerhalb der Wohnungs- und Hausinstallation benutzten Zeichen sind deswegen in den Tabellen 3 und 4 dargestellt. Hinzu kommen die Bildzeichen, die bereits in den Bildern 7, 8, 11 und 12 dargestellt und benannt sind, außerdem Zeichen oder Buchstaben und Nummern für Schutzarten. Darunter fällt der Schutz gegen Berührung sowie gegen das Eindringen von Wasser. In Tabelle 5 ist die Bedeutung der Schutzarten nach DIN und nach IP vorgestellt. Elektrische Geräte sind häufig mit einem der gezeigten Bildzeichen versehen. Auch kann bei Installationsplanungen die entsprechende Schutzart vorgeschrieben sein.

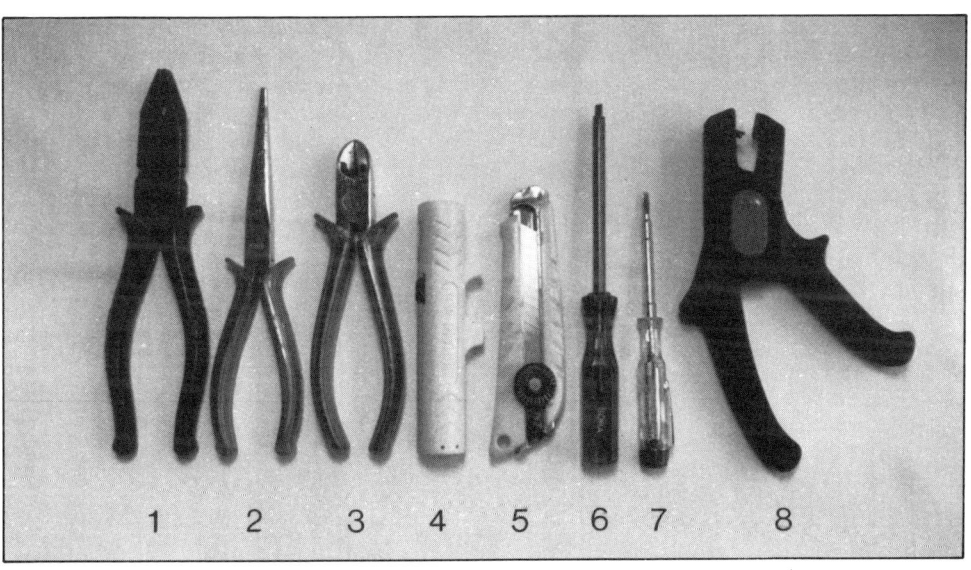

1 2 3 4 5 6 7 8

Wichtige Sinnbilder

Sinnbild	Bedeutung	Sinnbild	Bedeutung
	Starkstromleitung		Ausschalter
	Leitung mit zwei Stromkreisen		Wechselschalter
	Leitung, einadrig		Serienschalter
	Leitung, zweiadrig		Kreuzschalter
	Leitung, fünfadrig		Tastschalter
	Leitungskreuzung ohne Verbindung		Dimmer
	Leitungsverzweigung		Schütz- oder Relaisspule
	Schutzleitung		Taster als
	Leitung für Schwachstrom		Schließer
	Leitung für Fernsprecher		Öffner
	Leitung für Antenne		Steckdose
	Glühlampe		– ohne Schutzkontakt
	Leuchtmelder		– mit Schutzkontakt
	Leuchtstofflampe		– mit Doppelanschluß und Schutzkontakt
	Schmelzsicherung – einpolig		– für Fernsprecher
	– dreipolig, 10 A		– für Antenne
	Sicherungsautomat 10 A		

Tabelle 3

Wichtige Bildzeichen

Bildzeichen	Bedeutung	Bildzeichen	Bedeutung
⏚	Schutzleiteranschluß	—✳	Kühlschrank
⏚	Erdung allgemein	—⊗	Geschirrspülmaschine
F	flammsicher – auf Holz montierbar	—⊙	Waschmaschine
●● ●	Elektroherd	—◔	Wäschetrockner
●	Backofen	—⊙+	Heißwasserbereiter
≈	Mikrowellenherd	—⊘	Lüfter, elektrisch angetrieben

Tabelle 4

Pläne schützen vor Fehlern

Installationen im Wohnbereich erfordern ein zukunftsorientiertes Denken. Glücklicherweise sind die Zeiten vorbei, als die EVU's die Zählergrundgebühr von der Anzahl der Stromverbraucher, der Steckdosen und Lampen abhängig machten. Heute weiß man: je mehr Steckdosen vorhanden sind, desto geringer ist die Gefahr von Kabelwirrwarr in der Wohnung.

Schalter

Aber auch bei den Schaltern ist es wichtig, daß die Beleuchtung eines Raumes, der mehr als eine Tür hat, von mindestens zwei Stellen aus geschaltet werden kann. Und

Leerrohre

schließlich können Leerrohre entlang der Wand verlegt werden, die an jeder Zimmerwand in einem leeren Unterputz-Normanschlußkasten enden. Dieser kann spätere In-

Anschlußkasten

stallationen aufnehmen – auch die Leitungen für die Laut-

Rundfunk-, Fernsehleitungen

sprecher des Rundfunk-Stereo-Systems, für die Fernseh-antenne oder ähnliche netzunabhängige Verbraucher. Wichtig ist dabei dann allerdings zu wissen, wo die Rohre verlaufen.

Überhaupt ist es wichtig, sämtliche im Wohn- und Hausbe-reich verlaufenden Leitungen zu kennen. Für einen Neubau stellt man den Verlegeplan rechtzeitig vor der Installation auf. Wer aber renoviert, sollte versuchen, einen solchen Ver-legeplan nachträglich zu entwickeln. Nur so ist jederzeit nachvollziehbar, wo welche Leitungen verlaufen, um bei-spielsweise beim Bilderaufhängen keine bösen Überra-schungen zu erleben.

Ausstattungsstufen

Eine zukunftssichere und moderne Elektroinstallation hat das Institut für Bauforschung (IfB) Hannover aufgrund eines Forschungsauftrages des Bundesministeriums für Raum-ordnung, Bauwesen und Städtebau (Nr. F 473/74) darge-stellt und im IfB-Gutachten Nr. G 134/76 veröffentlicht. Darin empfiehlt die Hauptberatungsstelle für Elektrizitätsanwen-dung e.V. in Frankfurt am Main (HEA) drei Installationsquali-tätsstufen: die gehobene Ausstattung, die Normalausstat-tung und die Mindestausstattung.

Empfehlungen

Es wird empfohlen, die Rohrinstallationen mit Leerdosen, Rohr und Leitung grundsätzlich in der gehobenen Ausstat-tung zu planen und auszuführen. Dabei werden die Leerdo-sen mit Deckeln verschlossen. Ohne die Wohnungsbenut-zer durch Aufstemmen der Wände und dergleichen zu be-lästigen und ohne zusätzliche Kosten durch Handwerker wie Maurer, Tapezierer oder Anstreicher kann jederzeit mit relativ geringem Aufwand die Fertiginstallation in eine hö-here Ausstattung umgewandelt werden.

Die nach dem HEA/IfB-Bewertungsschema vorgeschlage-nen Steckdosen und Beleuchtungsauslässe innerhalb der Wohnung sind in Tabelle 6 gezeigt.

Die IP-Schutzarten und ihre Bedeutung gemäß der IEC-Publikation 529

SEV 1000 DIN 40050	IP 1. Ziffer	Berührungs- und Fremdkörperschutz		SEV 1000 DIN 40050	IP 2. Ziffer	Wasserschutz
			Bedeutung			Bedeutung
	0.		Kein Schutz		.0	Kein Schutz
	1.		Schutz gegen Eindringen von Fremdkörpern größer als 50 mm		.1	Schutz gegen senkrecht fallendes Tropfwasser
	2.		Schutz gegen Eindringen von Fremdkörpern größer als 12 mm		.2	Schutz gegen schräg fallendes Tropfwasser
	3.		Schutz gegen Eindringen von Fremdkörpern größer als 2,5 mm		.3	Schutz gegen Sprühwasser
	4.		Schutz gegen Eindringen von Fremdkörpern größer als 1 mm		.4	Schutz gegen Spritzwasser
	5.		Schutz gegen Staubablagerung		.5	Schutz gegen Strahlwasser
	6.		Schutz gegen Eindringen von Staub		.6	Schutz bei Schwallwasser (Überflutung)
					.7	Schutz bei Eintauchen unter Wasser bei festgelegtem Druck für unbestimmte Zeit
					.8	Schutz bei Eintauchen unter Wasser bei erhöhtem Druck für bestimmte Zeit

Die Schutzart wird mit einem Kurzzeichen dargestellt, das sich aus den Buchstaben »IP« und zwei Ziffern zusammensetzt.

IP 54

2. Ziffer (Wasserschutz)

1. Ziffer (Berührungsschutz)

Tabelle 5

Regeln für die Verlegung

Beim Verlegen elektrischer Leitungen gibt es vier Möglichkeiten: über Putz, auf Putz, im Putz sowie unter Putz.
Leitungen über Putz sind auf Abstandhaltern so verlegt, daß Wasser hinter ihnen abfließen kann.
Leitungen auf Putz werden meist in Kellerräumen und Garagen verlegt, und zwar oftmals deswegen, weil die heutigen Baumethoden es nicht mehr erfordern, diese Wände zu verputzen.
Leitungen im Putz und Leitungen unter Putz, im Mauerwerk also, sind nicht mehr sichtbar, sobald die Wände tapeziert sind.

14
Am Beispiel des Grundrisses eines Wohnzimmers mit Eßecke soll der Aufbau eines Verlegeplanes verdeutlicht werden. Den Sitzgruppen und Schränken entsprechend sind die Lage der Steckdosen und Leuchten vorgeplant. Dabei bedeuten:

1 Licht- und Steckdosenleitung,
2 Antennenleitung für Radio/TV,
3 Lautsprecherleitung, 4 TV, 5 Radio,
6 Wandleuchte, 7 Fensterleuchte,
8 Schalter für Fenster-, Balkon- oder
*   Terrassenleuchten,*
9 Schalter für Deckenleuchten.

15 *(S. 29 oben)*
In Blickrichtung A gesehen zeigt der Verlegeplan, wie die einzelnen Leitungen verlaufen, eine Kenntnis, die auch…

16 *(S. 29 unten)*
… in Blickrichtung B gesehen, äußerst wichtig ist, festgehalten zu werden. Dies schon allein deshalb, um beim Aufhängen von Bildern keine Leitungen mit Nagel oder Bohrer zu treffen.

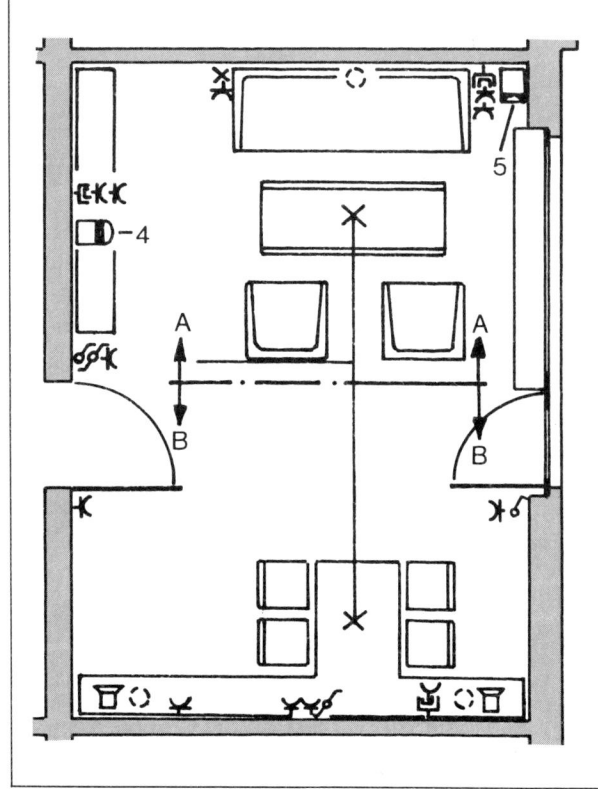

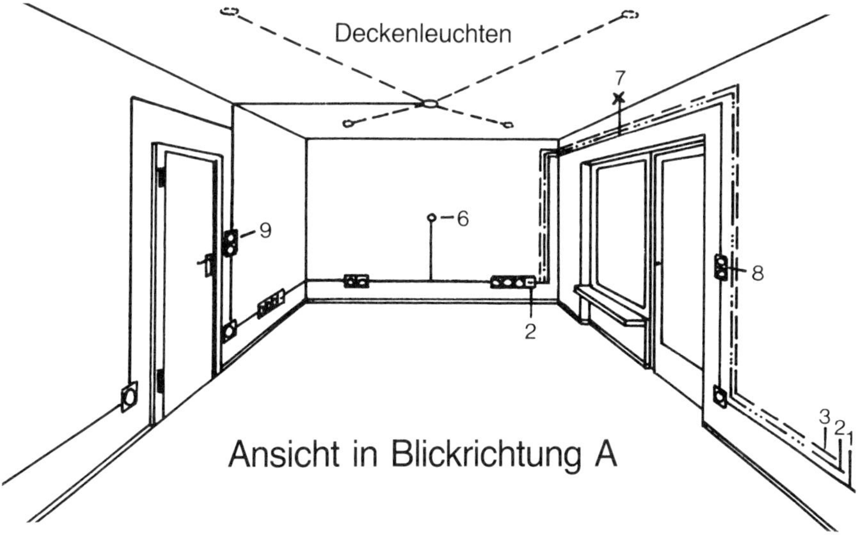

Deckenleuchten

7

9

6

8

2

3 2 1

Ansicht in Blickrichtung A

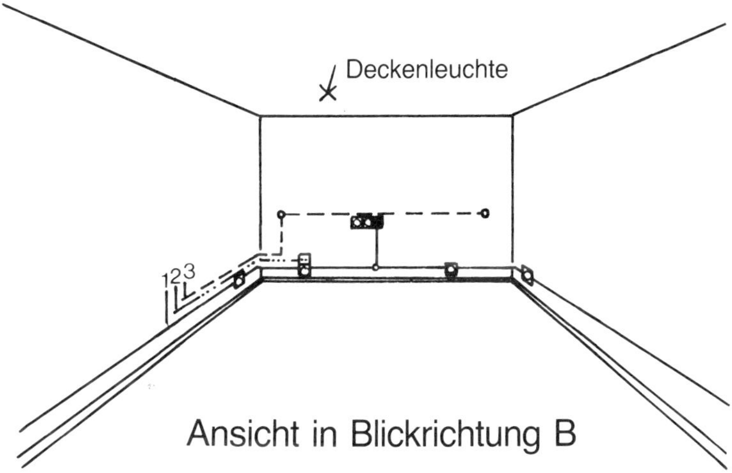

Deckenleuchte

1 2 3

Ansicht in Blickrichtung B

Installationszonen

Um die Gefährdung beim Einschlagen von Nägeln oder beim Bohren von Dübellöchern einzuschränken, wurden Installationszonen vereinbart, innerhalb derer die elektrischen Leitungen verlegt sein sollen. Die Leitungen selbst dürfen nur waagerecht oder senkrecht verlegt werden. An der Decke müssen sie im rechten Winkel zu der Wand verlaufen, aus der jeweils die Leitung kommt. Wie bei jeder Regel gibt es natürlich auch hier wieder Ausnahmen: in manchen Gebieten ist die schräge Verlegung an der Decke zulässig. Davon abgesehen, kann man nie sicher sein, ob eine Installation tatsächlich entsprechend den Regeln durchgeführt worden ist. Darum sei auch hier angemerkt, daß es von Vorteil ist, auch nachträglich einen Verlegeplan zu zeichnen, wenn man eine Wohnung neu bezieht.

Leitungssuche

Die Leitungen selbst findet man mit Leitungssuchgeräten (Bilder 139, 140).
In den Bildern 19 bis 21 sind Ausführungsmöglichkeiten für die Elektroinstallation gezeigt. Die Installation mit Verbindungsdosen wird als klassische Installationsform bezeichnet.
An jedem Verzweigungspunkt ist eine Verbindungsdose installiert. Enddosen sind übertapeziert, weswegen die Tapete aufgeschnitten werden muß, um an den Dosen arbeiten zu können. Wird eine Installation ohne Verbindungsdosen gewählt, so verwendet man Dosen für Schalter und Steckdosen mit zusätzlichem Verteilerraum. In diesen »Geräteverbindungsdosen« wird das Verzweigen und Verbinden der Leitungen vorgenommen. Ohne Beschädigung der Tapete kann der Schalter oder die Steckdose herausgenommen und die elektrische Anlage dort überprüft werden.

Geräteverbindungsdosen

Verteilerkasten

Die Installation mit zentralen Verteilerkästen findet sich im privaten Wohnbereich kaum. Bei dieser Installationsform wird von jedem Schalter, jeder Steckdose und jedem Beleuchtungsauslaß eine besondere Leitung zum Verteilerkasten geführt.

Anzahl der Steckdosen und Beleuchtungsanschlüsse nach HEA/IfB-Bewertungsschema

⋏ Steckdose ✕ Beleuchtungsauslaß	Gehobene Aus-stattung ★ ★ ★		Normal-Aus-stattung ★ ★		Mindest-Aus-stattung ★	
	⋏	✕	⋏	✕	⋏	✕
Wohnzimmer	11–14	6	7–10	4	4–6	2
Wohnzimmer mit Eßplatz	13–16	7	9–12	5	6–8	3
Separater Eßplatz	4	3	3	2	2	1
Küche	12–14	4	9–11	3	6–8	2
Küche mit Imbißplatz	15–18	5	11–14	4	7–10	3
Kochnische	12–14	3	9–11	3	6–8	2
2-Bett-Zimmer (Eltern, Kinder)	9–11	5	6–8	3	4–5	1
1-Bett-Zimmer	7–8	3	5–6	2	4	1
Bad	6–7	4	4–5	3	2–3	2
WC	3	3	2	2	1	1
Hausarbeitsraum	5	4	4	3	3	2
Hausarbeitsraum mit Wasseranschluß	8–9	4	6–7	3	4–5	2
Flur/Diele	3	4	2	3	1	1
Freisitz	2	2	2	1	1	–

Tabelle 6

Steckdosen- und Beleuchtungsanschlüsse

Die Anzahl der vorgeschlagenen Steckdosen und Beleuchtungsanschlüsse ist bereits in Tabelle 6 behandelt. Als Ergänzung folgen einige Anmerkungen zu den einzelnen Wohnräumen:

Zur Gestaltung von Wohnzimmer, Eßzimmer und Flur oder Diele gehört nicht nur die Form, sondern auch die Planung der Anzahl der Beleuchtungseinrichtungen.

Nicht selten sind neben einer oder mehreren Deckenbeleuchtungen auch Wandleuchten oder Leuchtenbänder in Wohnräumen vorhanden oder gewünscht. Das macht entsprechende Schaltungen erforderlich, wie beispielsweise Ausschalter, Serien- und Wechselschalter oder Dimmer zur stufenlosen Einstellung der Helligkeit.

Antennensteckdosen

Rechtzeitig sollte man daran denken, daß Antennensteckdosen dort vorgesehen werden, wo Radio, Fernseher oder Videogerät ihren Platz finden. In der Regel werden neben den Antennensteckdosen für den Stromanschluß der Geräte Dreifachsteckdosen angebracht.

In Küchen und Kochnischen ist es üblich, in der Mitte des Raumes oder in der Nähe des Fensters einen Beleuchtungskörper anzubringen.

Um die Arbeitsflächen ausreichend schattenfrei beleuchten zu können, sind je nach Arbeitsfläche Wandlampen empfehlenswert. Durchweg werden diese Beleuchtungskörper in Aus-Schaltung installiert.

Steckdosenverteilung

Über den Arbeitsflächen sind im Abstand von 90 Zentimetern – bei gehobener Ausstattung 60 Zentimeter – zwei Steckdosen vorzusehen. Daran werden die elektrischen Klein- und Handgeräte angeschlossen.

Um einen Kabelwirrwarr zu vermeiden, sollen an den Arbeitsflächen mindestens fünf, besser acht Steckdosen vorhanden sein. Für Dunstabzugshauben, Kühlschrank, Geschirrspüler und jene Verbraucher, die ihre Anschlüsse unterhalb der Arbeitsflächen haben, sind weitere Steckdosen vorzusehen.

Sofern Warm- oder Heißwasser in der Küche erzeugt wird, ist ein separater Anschluß erforderlich.

Elektroherd und Backofen werden üblicherweise mit Drehstrom gespeist. Dafür müssen entsprechende Geräteanschlußdosen vorhanden sein.

17 *(S. 33 oben)*
Die gekennzeichneten Installationszonen und empfohlenen Maße für Schalter und Steckdosen gelten für alle Räume einer Wohnung mit Ausnahme der Küche und ähnlicher Räume.

18 *(S. 33 unten)*
Für Küchen und Hausarbeitsräume werden diese Installationszonen vorgeschlagen. Die Steckdosen liegen hier oberhalb der Arbeitsflächen.

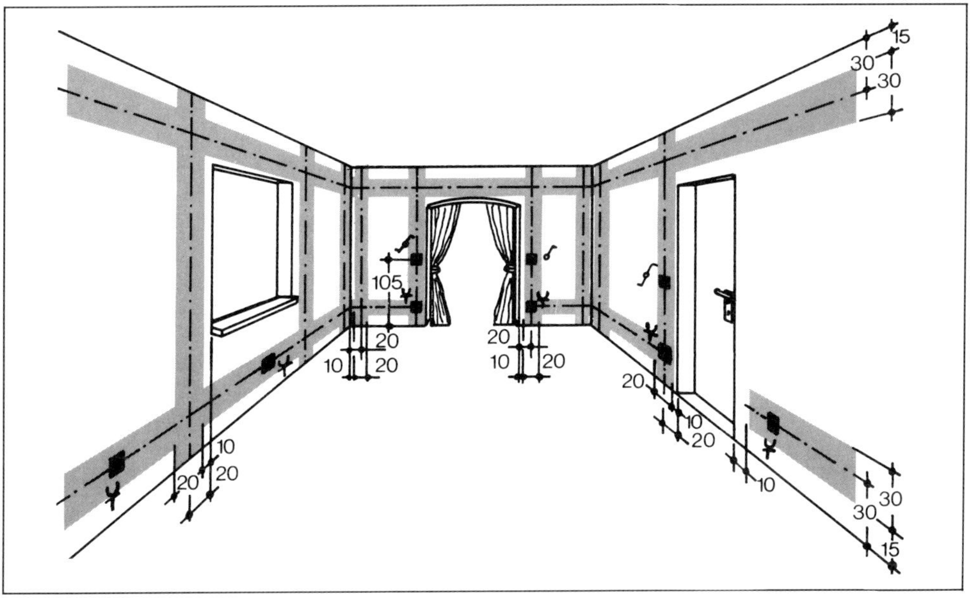

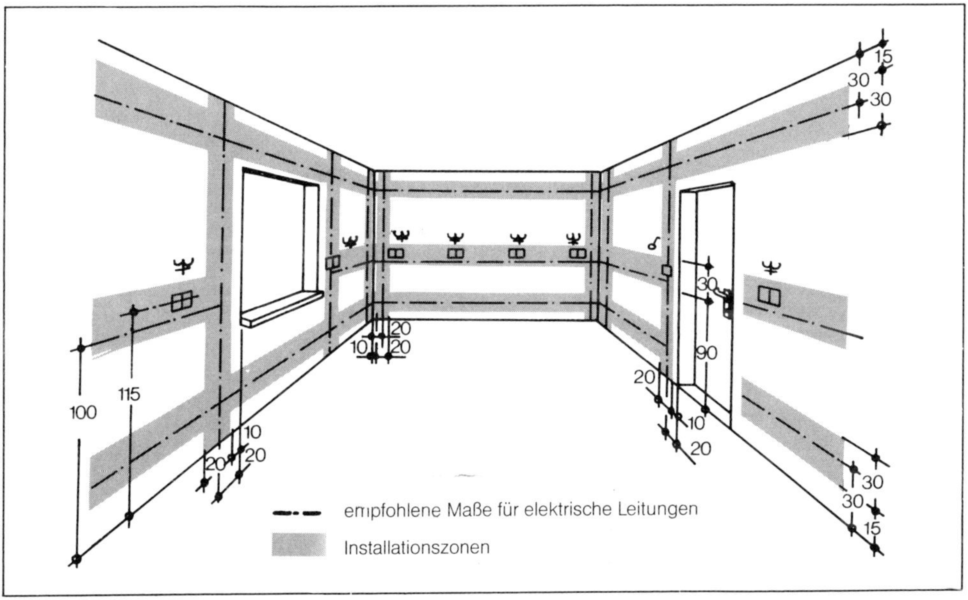

-·-· empfohlene Maße für elektrische Leitungen

Installationszonen

Schlafzimmerinstallation

Die Installation in Schlafzimmern ist kniffliger als man denkt. Denn der Wechselschalter der Raumbeleuchtung soll auch vom Bett aus erreichbar sein.

Die allgemeine Empfehlung besagt, daß sich in der Raummitte ein Beleuchtungskörper befindet, der in Wechselschaltung – beispielsweise an der Zimmertür und vom Bett aus – geschaltet werden kann.

Wandbeleuchtung, Deckenbeleuchtung

Um blendendes Licht zur Nachtzeit nicht aufkommen zu lassen, habe ich statt dessen in meinem Schlafzimmer eine Wandbeleuchtung in Wechselschaltung geschaltet und die Deckenbeleuchtung von der Tür mit einem Ausschalter geschaltet. Zusätzlich zu der Deckenbeleuchtung sind also Wandleuchten von Nutzen, wobei sich deren Anordnung aus der Möblierung ergibt. Steckdosen neben den Betten sollten mindestens als Doppelsteckdosen, besser als Dreifachsteckdosen vorgesehen werden – für Elektrowecker und Nachtmusik, Nachttischlampe und Heizkissen.

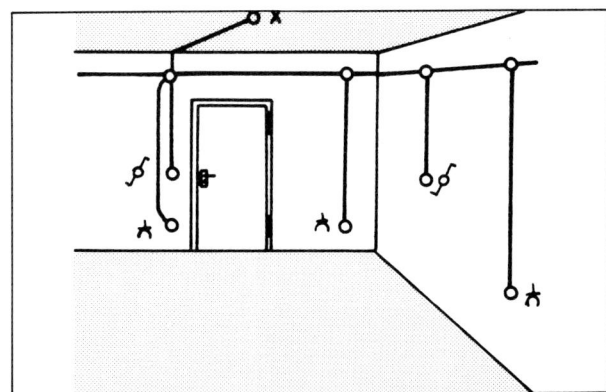

19
Bei der klassischen Installationsform werden Verbindungsdosen verwendet.

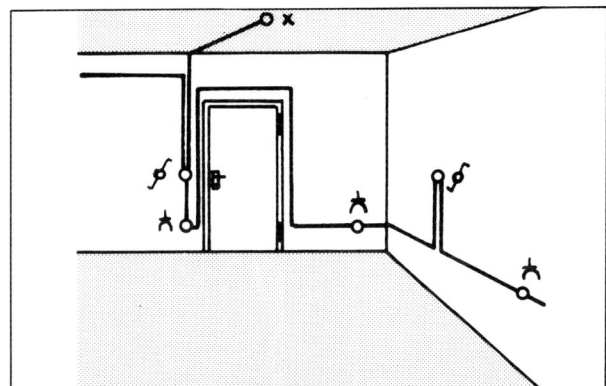

20
Vorteile bietet die Installation mit Geräteabzweigdosen.

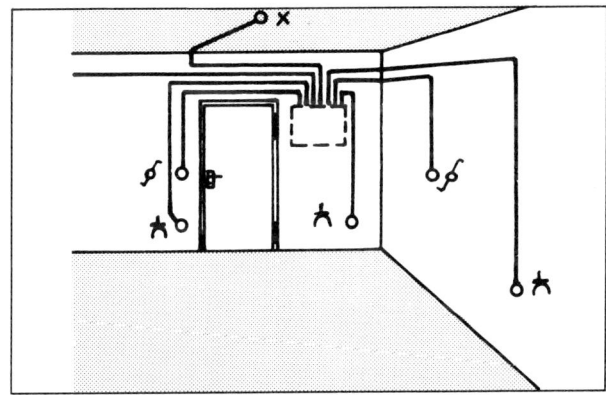

21
Im privaten Wohnbereich kommen Installationen mit zentralen Verteiler- kästen nur selten vor.

Sicherheit im Bad

Für das Bad wird man eine Deckenbeleuchtung und ein bis zwei Wandbeleuchtungen, beispielsweise am Spiegel oder im Spiegelschrank, einplanen.
Wer hier Leuchtstoffröhren installieren will, muß bedenken, daß die Leuchtstoffröhre eine gewisse Zeit braucht, bis sie ohne Flackern brennt. Als Hauptbeleuchtung ist sie deswegen nur bedingt zu empfehlen. Falls im Bad auch die Waschmaschine und der Wäschetrockner stehen sollen, muß man für entsprechende Steckdosen sorgen.
Für die elektrische Warmwasserversorgung gibt es Untertischgeräte, Badeboiler, Speicher, Durchlauferhitzer oder Durchlaufspeicher. Dazu braucht man entsprechende Leitungen oder Steckdosen.

Schutzbereiche

Gemäß VDE 0100 dürfen Steckdosen und Schalter nur außerhalb des Schutzbereichs von Badewanne oder Duschwanne angeordnet sein. Darauf ist bereits bei der Planung des Badezimmers Rücksicht zu nehmen, damit Trockenrasierer, Föne und elektrische Lockenstäbe ohne Gefährdung im Bad angeschlossen und verwendet werden können.

Potentialausgleich

Bei der Installation eines Badezimmers ist aus Gründen der Sicherheit der Potentialausgleich wichtig. Daher muß man die leitfähigen Abflußstutzen an der Bade- oder Duschwanne, die leitfähige Bade- oder Duschwanne und die metallenen Rohrsysteme der Frischwasserleitung, der Heizungsrohre und der Abwasserleitung miteinander verbinden. Der Grund: Es soll verhindert werden, daß Metallteile wegen defekt gewordener Installationsleitungen plötzlich Spannung führen – was nur möglich ist, wenn der Potentialausgleich fehlt.
Angeschlossen werden selbstverständlich nur metallene Teile. Die heute oft aus Kunststoff hergestellten Siphons bleiben also unberücksichtigt. Für die Standrohrventile an Duschwannen gibt es spezielle Erdungsscheiben, an die der Potentialausgleich angeschlossen wird. Ablaufarmaturen an Badewannen haben einen Anschlußnocken zum Anschluß der Potentialausgleichsleitung.

WC-Bereich

Im WC werden durchweg eine Beleuchtung und ein oder zwei Steckdosen vorhanden sein. Sollte bei innenliegenden WC-Räumen eine Lüftung mit Ventilator erforderlich werden, so bedeutet das eine Steckdose mehr. Das gleiche gilt für ein Warmwassergerät, sofern keine zentrale Wasserversorgung vorhanden ist.

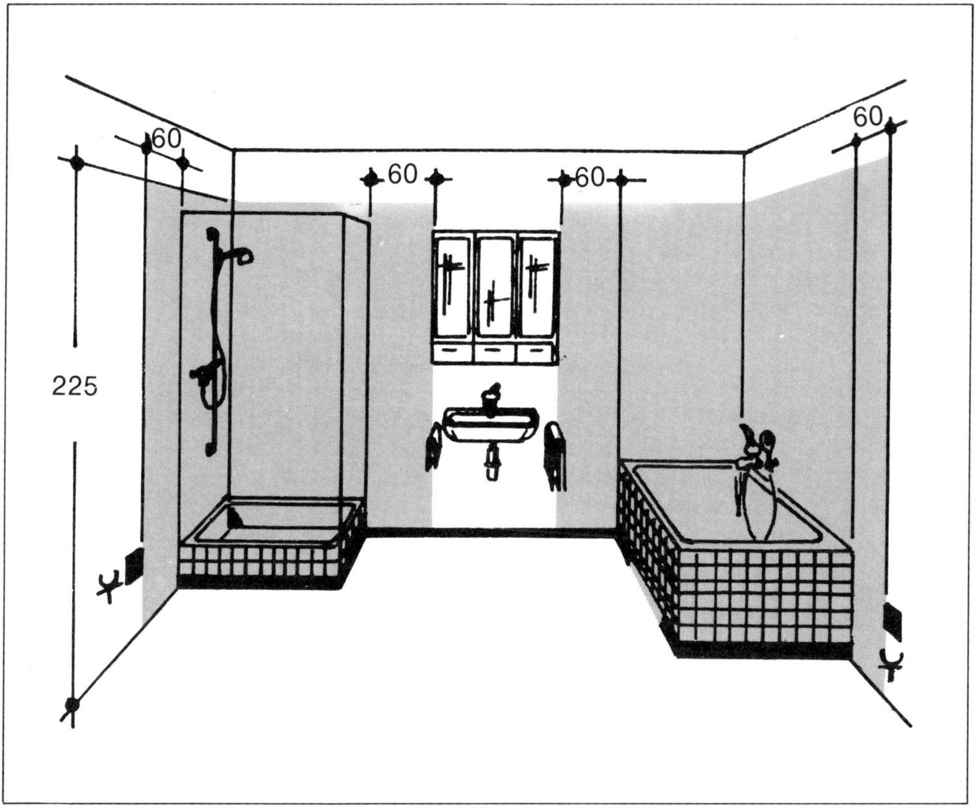

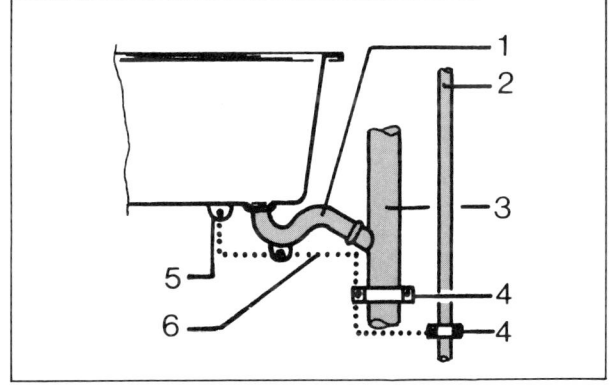

22 *(oben)*
Innerhalb der dargestellten Raster-
zonen dürfen keine Steckdosen und
Schalter installiert werden.

23 *(rechts)*
Wer Bad oder Dusche umbaut und neu
installiert, muß diesen Potentialausgleich vorsehen – und zwar unabhängig davon, ob im Raum überhaupt
elektrische Einrichtungen vorhanden
sind oder nicht.

1 Siphon aus Metall, 2 Wasserleitung
aus Metall, 3 Abflußrohr aus Metall,
4 Rohrschellen, 5 Anschlußstelle an
Bade- oder Duschwanne, 6 Potentialausgleichsleitung.

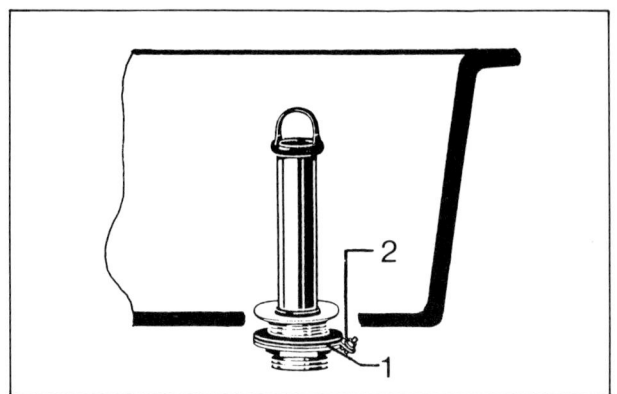

24
Für Standrohrventile an Duschwannen gibt es Erdungsscheiben zum Anschluß der Potentialausgleichsleitung.
1 Erdungsscheibe,
2 Anschluß für Potentialausgleich.

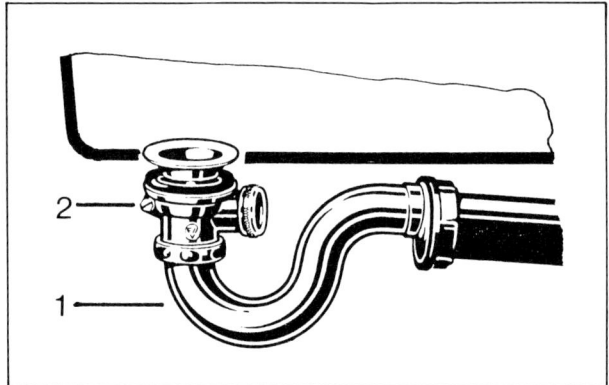

25
Badewannen-Ablaufarmaturen haben einen genormten Anschlußnocken für den Anschluß der Potentialausgleichsleitung.
1 Siphon aus Metall,
2 Anschluß für Potentialausgleich.

Hausarbeits- und Hobbyräume

Flur und Diele

Hausarbeitsraum und Hobbyraum erfordern anwendungsbezogene Installationen. Dazu gehören eine oder mehrere Deckenbeleuchtungen, die gegebenenfalls für die verschiedenen Arbeitsflächen in Serie geschaltet werden. Für die Steckdosen sollte im Hobbyraum ein eigener Stromkreis vorhanden sein, wobei es zweckmäßig ist, die Beleuchtung an einen anderen Stromkreis anzuschließen. Eine für Drehstrom geeignete Steckdose sollte nicht fehlen. Die Installation in Flur und Diele wird sich in der Regel nach dem Grundriß richten. Je nach Anzahl der Türen wird Aus-, Serien- oder Wechselschaltung erforderlich werden. Zudem sind Beleuchtungskörper an Spiegeln und Garderoben erwünscht. Und wenigstens eine Steckdose (für den Staubsauger) sollte nicht fehlen.

Balkon, Loggia, Terrasse

Installationen auf Balkon, Loggia und Terrasse nimmt man vor, um eine, vielleicht sogar zwei Steckdosen sowie eine Beleuchtung zu erhalten. Am Gebäude angebrachte Schalter, Steckdosen und Lampen unterliegen besonderen Schutzarten.

Wenn im Freien, also an nicht überdachten Flächen Steckdosen und Lampen angebracht werden sollen, müssen die vorgeschriebenen Schutzarten beachtet werden. Zudem sollten Steckdosen außerhalb der Wohnung gegen unbefugte Benutzung gesichert sein. Einzelgaragen und Garagen innerhalb eines Garagenkomplexes sollten eine Steckdose und ein bis zwei Lampen haben. In den Bauordnungen gelten Garagen als »feuergefährdete Betriebsstätten«. Deshalb muß die Installation die gleiche Qualität wie in Feuchträumen haben.

Außenbereiche

Einmaleins der Leitungen

Die Kennzeichnung von Leitungen ist wichtig, damit Schaltungsfehler und Verwechslungen vermieden werden.

In Tabelle 7 sind die numerischen Kennzeichnungen, die Kennzeichen und Bildzeichen sowie die Farben der einzelnen Leiter benannt. Der Nulleiter (Mittelleiter mit Schutzfunktion) »PEN« entspricht der »direkten oder klassischen Nullung« im TN-C-Netz, die auf den Seiten 84 und 85 beschrieben ist.

Aufbau der Leitungen

Leitungen und Kabel, die im Wohnungsbau und zum Anschluß von Verbrauchern verwendet werden, haben im Inneren ausschließlich Drähte aus Kupfer. Einen solchen Draht, der mit einer Isolierung versehen ist, nennt man eine Ader.

Mehrere Adern werden zusammengefaßt und zusätzlich umhüllt. Dann bezeichnet man sie als Leitung oder Kabel.

Im Wohnungsbau werden Leitungen und Kabel für die feste Verlegung verwendet, die eindrähtige Leiter haben. Die Leitungen beweglicher Anschlüsse – beispielsweise die Anschlußleitungen von elektrisch betriebenen Geräten und Maschinen – bestehen aus dünnen, umeinander gewickelten, feinen Kupferdrähten. Eine Ader dieser Leitung wird als Litze bezeichnet.

Litze

Die Isolierungen der einzelnen Adern sind farblich gekennzeichnet. Wie in Tabelle 7 gezeigt, darf die grüngelbe Ader ohne jede Ausnahme nur als Schutzleiter Verwendung finden.

Die hellblaue Ader ist in Wohngebäuden für den Mittelleiter zu verwenden.

Die schwarzen Adern und die braune Ader werden als Außenleiter geschaltet. Über diese Leitungen fließen L1, L2 oder L3.

Farbkennzeichnung

Tabelle 8 zeigt die Farbkennzeichnung der einzelnen Adern in Leitungen, je nach fester oder flexibler Verlegung unterschieden. Letztere wird für ortsveränderliche Verbraucher verwandt.

Kennzeichnung
von Leitern

1) *Farbe nicht festgelegt.*
2) *Ist kein Mittelleiter vorhanden, kann der blaue Leiter (bl) auch für andere Zwecke – jedoch nicht als Schutzleiter – verwendet werden.*
3) *Die Farbkennzeichnung grüngelb (gnge) darf für keinen anderen Leiter verwendet werden.*
4) *Gilt auch für Erdleitungen, wenn sie Schutzfunktion haben.*

Leiter-bezeichnung	alpha-numerische Kennzeichn.		Bild-zeichen	Farbe
	neu	früher		
Außenleiter 1	L1	R		1)
Außenleiter 2	L2	S		1)
Außenleiter 3	L3	T		1)
Mittelleiter	N	Mp		blau 2)
Schutzleiter	PE	SL	⏚	grüngelb 3) 4)
Nulleiter (Mittelleiter mit Schutzfunkt.)	PEN	Mp	⏚	grüngelb 3) 4)
Erde	E	E	⏚	1)

Tabelle 7

Farbkennzeichnung der
einzelnen Adern
in Leitungen

gnge = *grüngelb*
sw = *schwarz*
hbl = *hellblau*
br = *braun*

Anzahl der Adern	Leitungen für feste Verlegung
3	gnge/sw/hbl
4	gnge/sw/hbl/br
5	gnge/sw/hbl/br/sw

Anzahl der Adern	Leitungen für ortsveränderliche Verbraucher
2	br/hbl
3	gnge/br/hbl

Tabelle 8

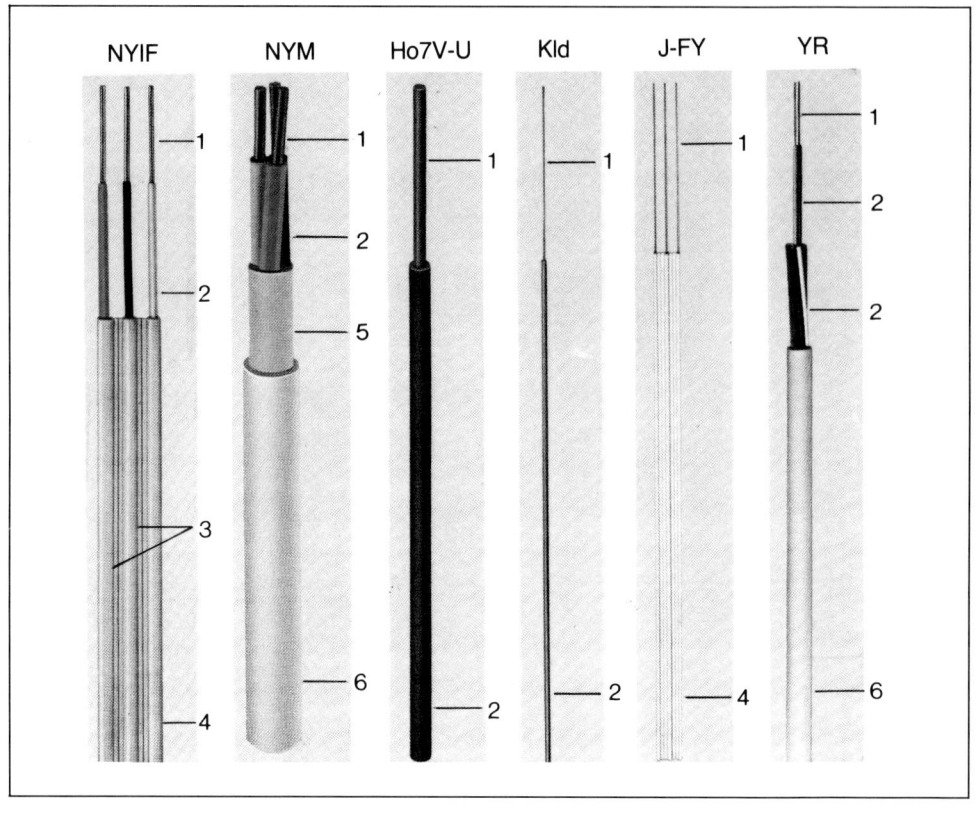

26 *(oben)*
Diese Leitungen werden für festes Verlegen verwendet.

1 eindrähtiger Kupferleiter, 2 Isolierung, 3 Nagelrillen, 4 PVC- oder Gummihülle, 5 Füllmischung, 6 Mantel.

27 *(S. 43)*
Flexible Leitungen haben Leitungen, die aus feinen oder feinsten Drähten bestehen.

1 feindrähtiger Kupferleiter, 2 Hülle, 3 Isolierung, 4 Mantel, 5 verzinnter, besonders feindrähtiger Kupferleiter, 6 kurzdrallig verseilte Adern mit Gummiisolierung, 7 Textilbeilauf, 8 Gummimantel.

Ho3VH-H   HVo3VV-F   Ho5RR-F   Ho7RN-F
           HVo5VV-F   Ho5RN-F

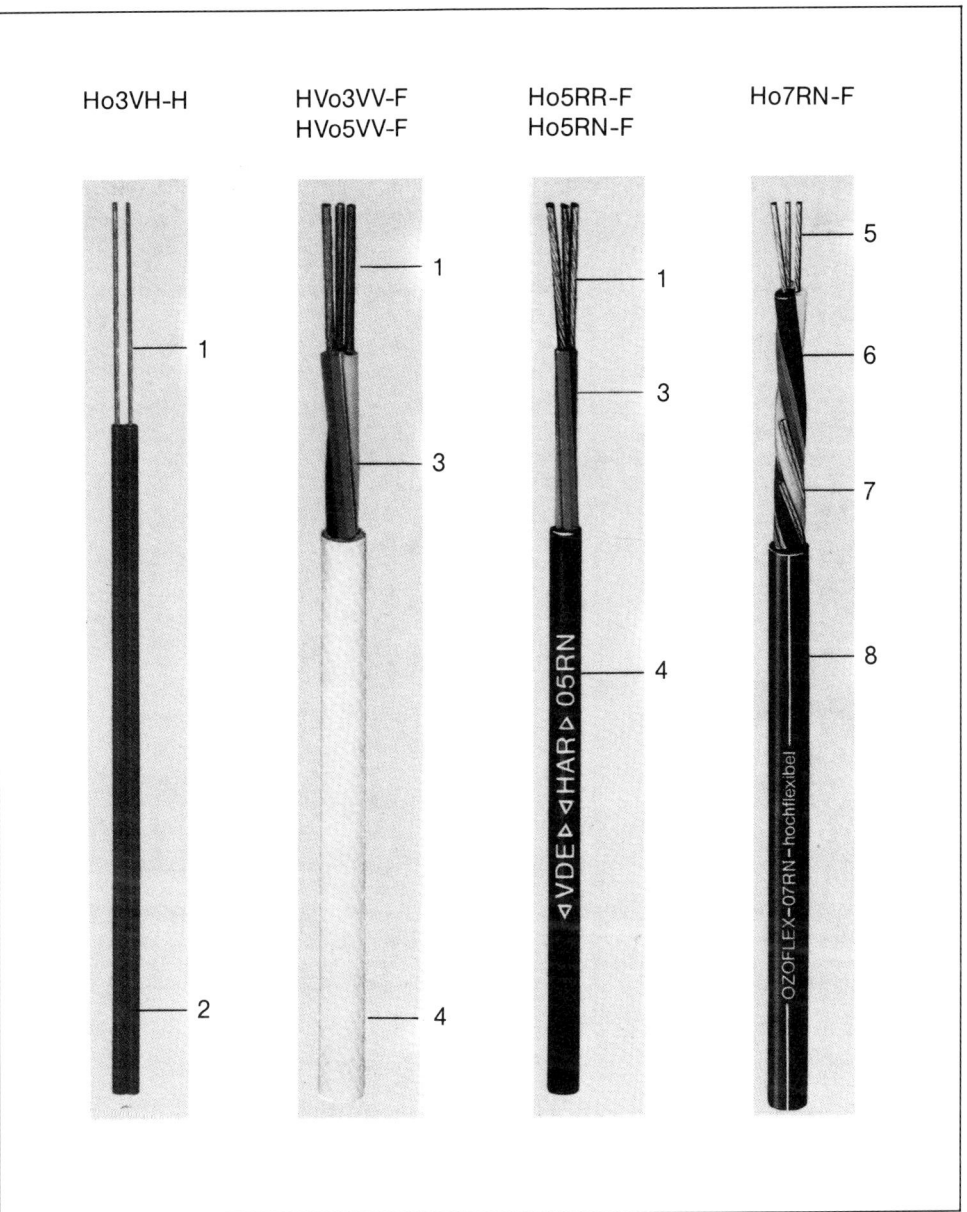

Leitungen für feste Verlegungen

Normleitungstyp heutiges Zeichen	NYIF				NYM				
früheres Zeichen									
Bezeichnung	Stegleitung				Mantelleitung				
Nennquerschnitt (mm²)	1,5	2,5	4		1,5	2,5		4	
Aderanzahl		3		4	3	4	5	3	4	5	4	5
max. Absicherung (A)	10	20	25	3x25	10	3x10	20	3x20	3x25
max. Belastbarkeit (kW)	2,2	4,4	5,5	16,4	2,2	6,6	4,4	13,2	16,4
Verlegeform	feste Verlegung				feste Verlegung				
– in trockenen Räumen	in und unter Putz				über und auf sowie in und unter Putz				
– in feuchten Räumen	in und unter Putz, auch für Bade- und Duschräume außerhalb des Sprühbereichs								
– im Freien	nicht zulässig								
– im Erdreich	nicht zulässig				nicht zulässig				
Sonstiges:	nicht zulässig in Holzhäusern und nicht, wenn Gipskarton-platten geschraubt oder genagelt werden								

Tabelle 9

Ho7V-U			NYY						Kld-Klingeldraht, J-FY Klingelsteg-leitung, YR-Klingelleitung				
NYA													
PVC-Aderleitung			bleimantelloses Erdkabel						PVC-Klingelleitung				
1,5	2,5	4	1,5		2,5		4		0,8 mm Durchmesser				
1			3	4	5	3	4	5	4	5	1	2	3	4	6
10	16	20	10	3x10	20	3x20	3x25						
2,2	3,5	4,4	2,2	6,6	4,4	13,2	16,4						
in Rohren			feste Verlegung										
auf und unter Putz			in Innenräumen, in Kabelkanälen						Kld.: in Rohren, auf und unter Putz sowie offene Verlegung auf Putz, J-FY direkt unter Putz				
in Bade- und Duschräumen nur in Kunststoffrohren			im Freien und, wenn mit nach-träglichen Beschädigungen nicht gerechnet werden muß, auch in Erde und im Wasser						in trockenen, feuchten und nassen Räumen sowie im Freien, als Installationsmaterial für feste Ver-legung auf und unter Putz				
nicht zulässig													
nicht zulässig													
nicht zulässig für unmittelbare Verlegung in Putz			Die max. Belastbarkeit ist bei der Verlegung in der Erde geringer anzusetzen						Für Tür- und Haussprechanlage in Sonderfällen werden zur Vermeidung von Störeinflüssen geschirmte Installationskabel J-Y (ST)Y .. verwendet				

Flexible Leitungen (Beispiele)

Normleitungstyp heutiges Zeichen	Ho3VH-H	Ho3VV-F	
früheres Zeichen	NYZ	NYLHYrd	
Bezeichnung	Zwillingsleitung	PVC-Schlauchleitung	
Nennquerschnitt (mm²)	0,75	0,75	
Aderanzahl	2	2	3
Verlegeform	in trockenen Räumen zum Anschluß ortsveränderlicher Stromverbraucher		
	bei sehr geringen mechanischen Beanspruchungen Rundfunkgeräte u. ä.) Nicht für Wärmegeräte!	bei leichten mechanischen Beanspruchungen (leichte Handgeräte, Stand- leuchten u. ä.)	

Tabelle 10

Ho5VV-F				Ho5RR-F Ho5RN-F					Ho7RN-F		
NYMHYrd				NLH/NMH NMHöu					NMHöu (rf)		
PVC-Schlauchleitung				Gummischlauch- leitung					Hochflexible Gummischlauchleitung		
,75	1	1,5	2,5	0,75		1,5		2,5	1	1,5	2,5
3	2	3	3	2	3	2	3	2	3	2	3	2	3

	o5RR: in trockenen Räumen, für leichte Hand- und Elektrowärmegeräte (Küchengeräte u. ä.)	in trockenen, feuchten und nassen Räumen, im Freien, bei mittlerer mechanischer Beanspruchung für Handgeräte wie Bohrmaschinen u. ä., deren Anschlußleitungen starken Beanspruchungen unterliegen, insbesondere durch Knicken und Verdrehen
ei mittleren mechanischen Beanspruchungen, für Hausgeräte, auch in euchten und nassen Räumen (Kühlschrank, Wäscheschleuder u. ä.)	o5RN: in trockenen, feuchten und nassen Räumen sowie im Freien, z. B. Gartengeräte	

Feste Verlegung

Leitungen für die feste Verlegung sind in Tabelle 9 aufgelistet, ebenso die dem Nennquerschnitt zugeordnete maximale Absicherung sowie die maximal zulässige Belastbarkeit der verlegten Leitungen.

Absicherung und Belastbarkeit sind im Wert verschieden, wenn die gleiche Leitung mit Wechselstrom oder mit Drehstrom betrieben wird. Beispielsweise kann eine »1,5^2-Mantelleitung« (1,5 Quadratmillimeter Querschnitt) in Wechselstrom mit 10 Ampere abgesichert und mit 2,2 kW belastet werden. Sobald der gleiche Nennquerschnitt aber an Drehstrom angeschlossen wird, ist eine Absicherung mit 3 x 10 Ampere und eine maximale Belastbarkeit mit zusammen 6,6 kW möglich.

Flexible Leitung

Tabelle 10 stellt gebräuchliche flexible Leitungen dar. Dabei haben Zwillingsleitungen keine Farbkennzeichnungen der Adern, weil die Isolation gleichzeitig den Außenmantel bildet.

Die Nennquerschnitte der im Stromkreis verlegten Leiter sowie die installierten Sicherungen oder Automaten begrenzen die maximale Belastbarkeit, wie in Tabelle 9 dargestellt.

Unter den in kW angegebenen Werten ist der Anschlußwert zu verstehen, der bei gleichzeitigem Einschalten aller Geräte im gleichen Stromkreis auftritt. In Tabelle 11 sind dazu die Anschlußwerte einzelner Elektrogeräte aufgelistet.

Hierzu besagt die Vorschrift, daß für Verbraucher von 2 kW und mehr ein eigener Stromkreis vorzusehen ist, und dies auch dann, wenn der oder die Verbraucher über Steckdosen angeschlossen werden sollen.

Anschlußwerte

Wer sich darüber Klarheit verschaffen will, ob seine Leitung überlastet werden könnte, wird also die Anschlußwerte aller gleichzeitig eingeschalteten Geräte addieren und sich somit die Frage schnell beantworten können.

Anschlußwerte einzelner Elektrogeräte in kW

Elektrogeräte	Anschlußwert in kW	
	Wechselstrom	Drehstrom
Kühlschrank	0,2–0,3	
Geschirrspüler	3,5	4–5
Elektroherd		8–14
Einbaukochmulde		6–9
Einbaubackofen		2,5–5
Mikrowellenherd	1–2	
Kaffeemaschine	0,7–1,2	
Friteuse	1,6–2	
Grillgerät	0,8–3,3	
Toaster/Warmhalteplatte	0,9–1,7	
Handmixer	0,2	
Bügeleisen	1	
Bügelmaschine	2–3,5	
Wäschetrockner	3,3	
Waschmaschine	3,5	7,5
Wäscheschleuder	0,4	
Haartrockner	0,8	
Staubsauger	0,6–1	

Tabelle 11

Elektroinstallation in der Praxis

Besonderheiten beim Altbau

Wie sieht es mit dem Stromanschluß aus? Das ist die Frage, die sich jeder stellen sollte, bevor die Tapeten seines Geschmacks an der Wand angebracht sind.

Nach dem Einrichten der Wohnung wird oft festgestellt, daß Schalter und Steckdosen am falschen Platz installiert sind oder gänzlich fehlen, daß Beleuchtungskörper eher für Schatten sorgen als für Licht, daß Radio und Fernseher nicht am gewünschten Ort aufgestellt werden können, weil die Antennenanschlüsse fehlen.

Systematisches Vorgehen

Unstimmigkeiten dieser Art lassen sich vermeiden. Wie das geschieht, soll genau beschrieben werden. Fangen wir beim Altbau an. Dort sollte man zuerst die Leitungen überprüfen. Dabei ist es wichtig zu wissen, daß die in Tabelle 7 bezeichneten Leiterfarben noch nicht allzulange gelten, weswegen oft andersfarbige Leiter in älteren Installationen Rätsel aufgeben. Tabelle 12 stellt die neuen Farben und die früheren Farben der Leiter gegenüber, wobei der Vorteil der heutigen Farben unter anderem darin liegt, daß sie auch von Farbenblinden sicher erkannt werden können! Ein dunkler Draht ist stets der Außenleiter L1, L2 oder L3, ein heller Draht der Mittelleiter N und ein zweifarbiger Draht der Schutzleiter PE.

Absicherungen

Bei älteren Installationen finden sich Absicherungen mit nur 6 A. Um festzustellen, welche maximale Absicherung zulässig ist, kann der verlegte Leiterquerschnitt folgendermaßen ermittelt werden. Man mißt mit einer Schieblehre den Kupferdurchmesser des Leiters und entnimmt aus Tabelle 13 den entsprechenden Nennquerschnitt.

Sicherungsautomaten

Achtung: Es muß gesichert sein, daß bei diesen Arbeiten zuvor die Leitungen mit Hilfe der zugehörigen Sicherungen stromlos gemacht wurden! Sobald der Nennquerschnitt bekannt ist, kann in Tabelle 9 festgestellt werden, welche maximale Absicherung für den gemessenen Nennquerschnitt zulässig ist. Stellt man dabei fest, daß die Leitung zwar eine höhere Absicherung zulassen würde, die Sicherungen jedoch kleiner sind, so ist der Installateur zu Rate zu ziehen. Dann nämlich muß nicht nur die Sicherung, son-

Sicherungssockel

dern auch der Sicherungssockel gewechselt werden, der in jedem Fall vom Zähler aus an Spannung liegt. Aber auch in neuen Installationen sollten Sicherungsautomaten vom Installateur ausgewechselt werden.

**Leiterfarben
im Altbau
Drahtdurchmesser
der Leiter**

Leiterbezeichnung	Farbe	
	heute	früher
Außenleiter L 1	schwarz*	schwarz
L 2	schwarz*	schwarz
L 3	schwarz*	schwarz
Mittelleiter N	blau	grau
Schutzleiter PE	grüngelb	rot
Nulleiter PEN (Mittelleiter mit Schutzfunktion)	grüngelb	grau

Tabelle 12

*Die Farbe Schwarz kann auch durch Braun ersetzt sein

**Drahtdurchmesser
der Leiter**

Nennquerschnitt (mm^2)	Drahtdurchmesser Größtmaß (mm)
1,5	1,4
2,5	1,8
4	2,3

Tabelle 13

Montageprobleme

Sind die verlegten Leitungen insgesamt als zu schwach erkannt, so müssen neue Leitungen verlegt werden. Dies beginnt in der Regel schon bei der Hauptleitung und reicht
über den Zählerplatz zum Stromkreisverteiler bis in die
einzelnen Wohnräume. In einem solchen Fall sollte ein Installateur mindestens bis zum Stromkreisverteiler die Installation ausführen. Doch kann der Elektro-Heimwerker
schon selbst tätig werden, indem er nach Absprache die
entsprechenden Durchgänge und Schlitze für die neuen
Leitungen stemmt.

Im- und Unterputz-
verlegung

Sofern die Elektroinstallation im Putz oder unter Putz verlegt
sein soll, müssen bei fertig verputzten Wänden die Schlitze
entsprechend den Leitungsabmessungen geschlagen
werden. Dazu benutzt man Hammer und Meißel. Dort, wo
die Verteilerdosen oder die Dosen für Schalter und Steckdosen eingegipst werden sollen, müssen entsprechende
»Scheiben« aus der Wand herausgearbeitet werden. Dafür
können spezielle Glockenbohrer verwendet werden, oder
man meißelt die entsprechenden Räume so weit aus, daß
die Dosen hineinpassen.

Sollen mehrere Steckdosen und Schalter nebeneinander
oder in Kombination miteinander installiert werden, so
schiebt man die Stutzen der Dosen mit 55 oder 60 mm
Durchmesser bis zum Anschlag ineinander. Damit wird gewährleistet, daß die Dosen den für die spätere Gerätemon-
tage richtigen Abstand von 71 mm zueinander haben. Beim
Ausstemmen der Wandlöcher für die Dosen muß dieser
Abstand beachtet werden.

Hohlwanddosen

Hohlwanddosen für die Montage in Rigips- oder Holzver-
kleidungen erfordern eine Bohrung von 68 mm Durchmesser. Dafür gibt es Hohlwanddosenfräser mit einem Zentrierbohrer in der Mitte.

Sollen mehrere Steckdosen oder Schalter nebeneinander
oder übereinander in Kombination montiert werden, so
muß der Zentrierbohrer des Hohlwanddosenfräsers jeweils
um 71 mm weiter neu angesetzt werden. Wichtig ist auch
hierbei, daß die Löcher waagerecht oder senkrecht zueinander angeordnet werden.

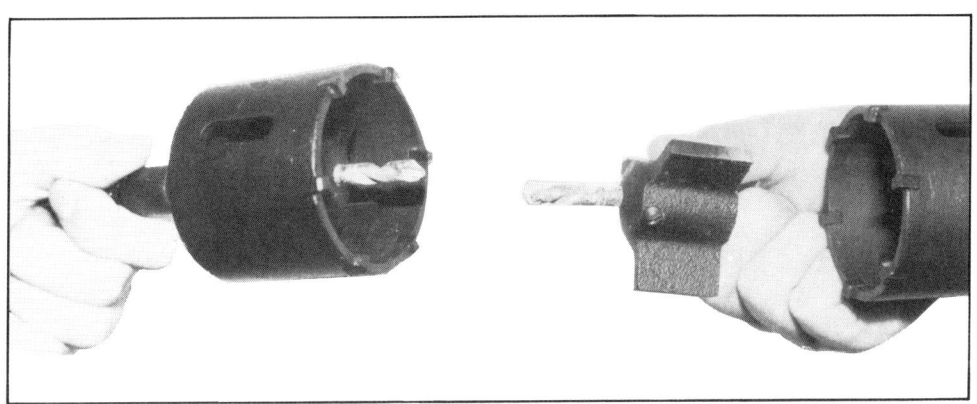

28
*Dieser Glockenbohrer ist mit Hartme-
tallschneiden bestückt, die Putz, Stein
und Beton gewachsen sind.*

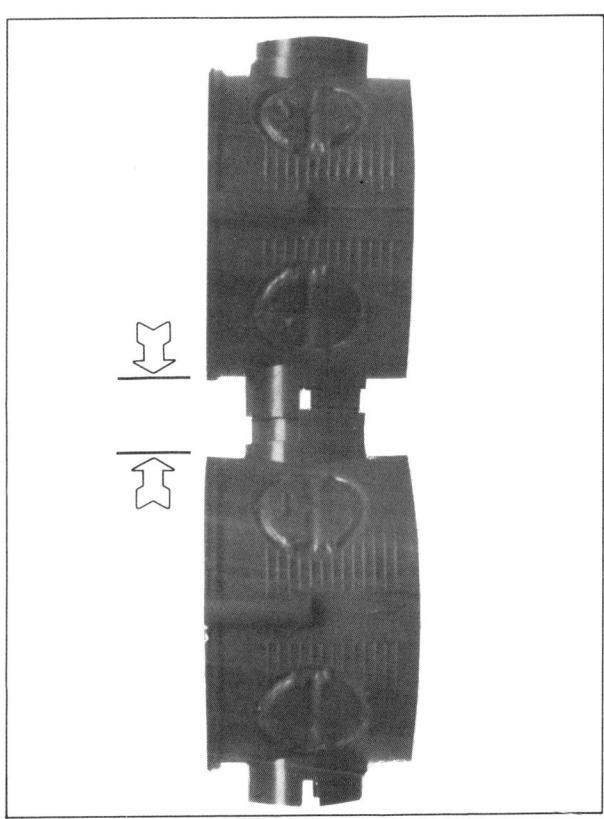

29
*Durch das Ineinanderschieben der
Stutzen erhalten die Dosen den
genormten Mittelabstand von 71 mm.*

Dosenausführungen

Klemmleisten

Abzweigdosen

Schalterdosen

Telefonanschluß

Schalterdosen, Abzweigdosen und Abzweigschalterdosen gibt es sowohl in runden, als auch in eckigen Ausführungen, die mehr Platz bieten. Denn aus Sicherheitsgründen – vor allem, um zu große Erwärmung in Abzweigdosen zu vermeiden – ist die Anzahl der Klemmen und Leiter innerhalb einer Abzweigdose begrenzt. Eine weitere Vorschrift besagt, daß in Abzweigdosen, in Abzweigschalterdosen und Abzweigkästen isolierte Einzelklemmen nur für Leiterquerschnitte von 1,5 oder 2,5 mm² lose verlegt sein dürfen. Bei Querschnitten ab 4 mm² müssen die Klemmen in ihrer Lage befestigt sein. Der Handel bietet daher Abzweigschalterdosen, auch Geräteabzweigdosen genannt, mit eingebauten vierpoligen, fünfpoligen und sechspoligen Klemmleisten an. Diese Dosen haben einen Durchmesser von 60 mm und sind für die in Bild 20 gezeigten Installationen geeignet. In solchen Abzweigschalterdosen dürfen einschließlich der Schalterklemmen 5 Klemmstellen mit 1,5 mm² oder 4 Klemmstellen mit 2,5 mm² Leiterquerschnitt montiert sein.

Abzweigdosen mit einem Durchmesser von 70 mm sind in der Lage, 6 Klemmen bei einem Leiterquerschnitt von 1,5 mm² oder 5 Klemmen bei 2,5 mm² aufzunehmen. Während Abzweigschalterdosen durch den eingebauten Schalter schon verschlossen sind, werden Abzweigdosen mit Deckeln verschlossen. Die Dosen dürfen jedoch weder überputzt werden noch durch Verkleidungen mit Rigips, Paneelen oder ähnlichem überdeckt sein. Ein Übertapezieren ist jedoch erlaubt.

In Schalterdosen mit einem Durchmesser von 55 oder auch 60 mm sind außer dem einzubauenden Gerät wie Schalter oder Steckdose keine zusätzlichen Klemmstellen erlaubt.

Diese Dosen sind nach einem Normblatt der Deutschen Bundespost auch für den Einbau von Fernmeldeeinsätzen zugelassen. Es ist also bei der Installation durchaus möglich, ein Leerrohr und eine Dose innerhalb einer Kombination dafür vorzusehen, daß die Bundespost dann den Telefonanschluß dort einbaut.

Wie schon erwähnt, gibt es Dosen auch in eckiger Ausführung. Diese Dosen sind als Schalterdosen, als Abzweigschalterdosen sowie als Abzweigkästen im Handel und für Leiterverbindungen mit wesentlich höherer Klemmenzahl ausgelegt. Sie werden jedoch fast ausschließlich bei Neu-

Dosen im Neubau

Wandauslaßdosen

bauten verwendet, und zwar nicht nur an den Wänden, sondern auch in Form von Deckendosen und Deckenabzweigdosen. Daran sollte ein Bauherr schon bei seiner Planung denken.

Schließlich müssen Wandauslaßdosen überall dort vorhanden sein, wo Wandleuchten installiert werden sollen. Die frühere Machart, einfach ein Kabel oder ein Rohr mit einzelnen Leitern aus der Wand herauszuführen, ist nicht mehr erlaubt. Die Leiter enden vielmehr in den Wandauslaßdosen, in denen drei Leuchtenklemmen die Verbindung zwischen Leitern und Wandleuchtenanschluß herstellen. Zusätzlich hat eine solche Wandauslaßdose häufig integrierte Dübel zum Befestigen der Wandleuchten.

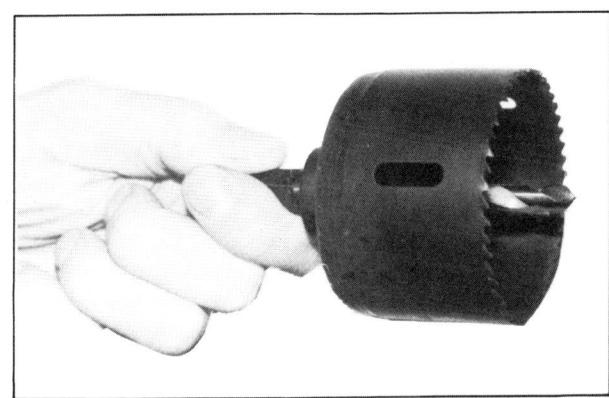

30
Mit dem Hohlwanddosenfräser werden Dosenbohrungen in Holz- und Gipsplatten sowie in Holzpaneele vorgenommen.

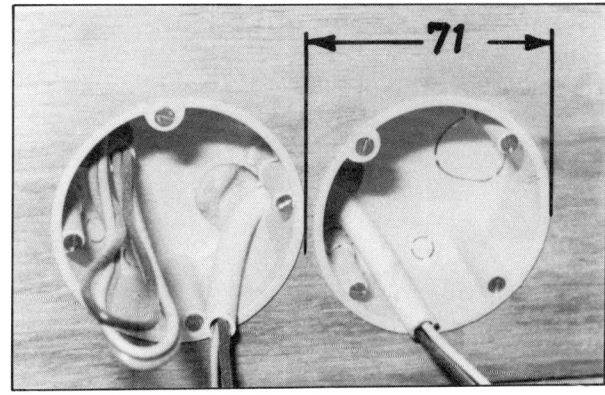

31
Die montierten Hohlwanddosen haben von Rand zu Rand und damit auch von Mitte zu Mitte 71 mm Abstand zueinander.

Eingipsen der Dosen

Die zuvor beschriebenen Dosen haben leicht ausbrechbare Teile, die man entfernt, um Löcher für die Leitungen und Rohre zu erhalten. Bevor die Dosen in der Wand eingegipst werden, sollten auf diese Weise die erforderlichen Öffnungen hergestellt sein. Danach werden die Dosen festgegipst, wobei der Gips selbstverständlich dort nicht hinkommen darf, wo die Leitungen oder Rohre in die Dose eintreten sollen.

Ein anderer Weg besteht darin, daß die Leitungen und Rohre erst in der Dose angeschlossen werden, um die Dose danach festzugipsen. Die Dosen müssen so eingegipst werden, daß sie mit dem Putz bündig abschließen. In keinem Fall dürfen sie überstehen. Andererseits verlieren zu tief sitzende Dosen die Schutzart IP 20, weshalb zur Wiederherstellung dieser Schutzart Putzausgleichsringe auf Schalterdosen und Abzweigdosen aufgesteckt oder aufgeschraubt werden müssen.

Hohlwanddosen

Hohlwanddosen sind im Handel zum Einbau in Materialstärken zwischen 7 und 30, manchmal auch 35 mm. Sie müssen entsprechende Kennzeichen tragen. Diese Dosen werden durch die vorgefertigte Bohrung gesteckt und mit Hilfe ihrer von vorn bedienbaren, jedoch von der Rückseite wirkenden Schraubbefestigung verdrehsicher im Plattenmaterial verankert.

Aufputzinstallation

Bei der Aufputzinstallation gibt es keine Schalterdosen oder Geräteabzweigdosen, wohl aber Abzweigdosen. Sie sind heutzutage grau, aus Kunststoff gefertigt und haben Deckel, die entweder mittels Schnappverschluß oder durch Zuschrauben verschlossen werden. Aufputzabzweigdosen gibt es auch für die wassergeschützte Aufputzmontage. Im Innern befindet sich meist ein fest montierter Klemmstein mit vier bis sechs Anschlüssen, in denen die einzelnen Leiter durch Schraubklemmen miteinander verbunden werden.

Wassergeschützte Montage

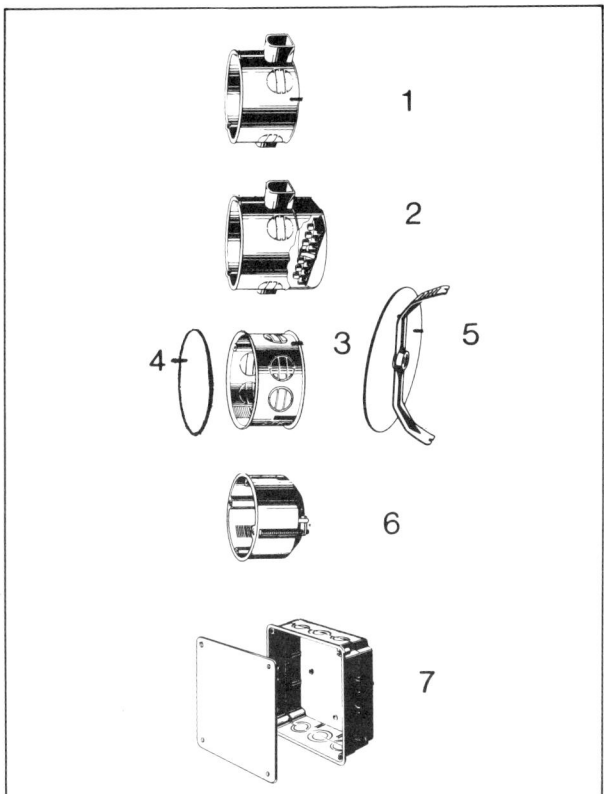

32
Diese Dosen sind sämtlich für Unter-putzmontage geeignet.

1 Schalterdose,
2 Abzweigschalterdose,
3 Abzweigdose,
4 Deckel zum Verschrauben,
5 Deckel mit Federhalterung,
6 Hohlwandschalterdose,
7 Abzweigkasten mit verschraubtem
  Deckel.

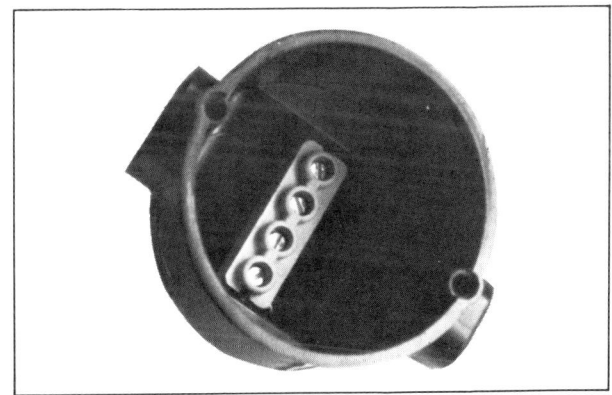

33
Abzweigschalterdosen, auch Geräteab-zweigdosen genannt, haben an ihrem Boden Klemmleisten, die aber nicht den Einbau von Schaltern behindern.

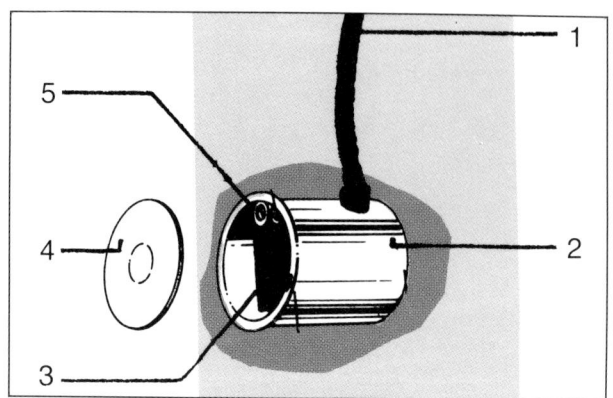

34
Wandauslaßdosen gibt es in mehreren Formen. In ihnen enden die Leiter an Lüsterklemmen.

1 elektrische Zuleitung,
2 Wandauslaßdose,
3 Leuchtenklemmen,
4 Deckel,
5 Dübel zum Befestigen von Wand-
leuchten.

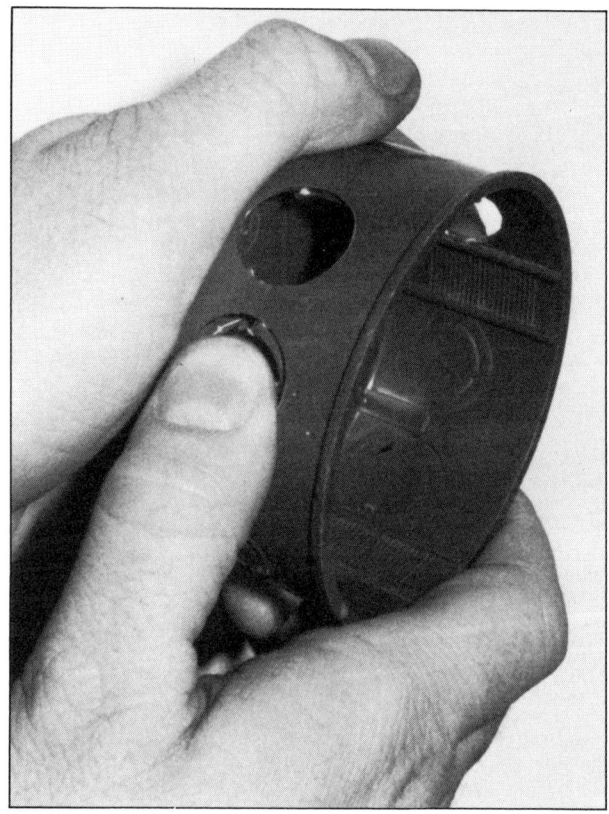

35
Bevor Dosen eingegipst werden, muß man die Markierungen dort ausbre-chen, wo Leitungen oder Rohre einge-führt werden sollen.

36
Zur Erhaltung der Schutzart IP 20 werden auf zu tief eingebauten Dosen Putzausgleichsringe aufgesteckt oder aufgeschraubt.

1 Abzweigdose,
2 Putzausgleichsring.

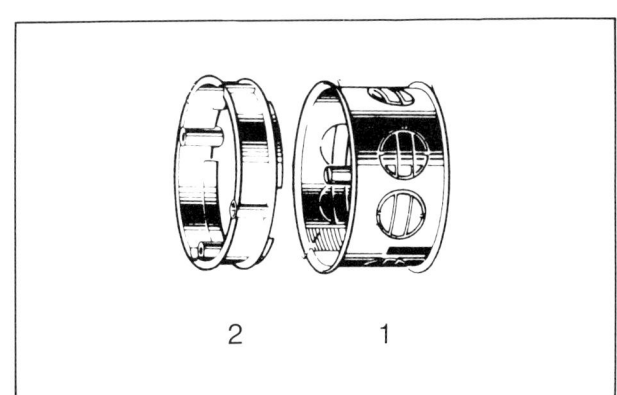

2   1

37
Aufputzabzweigdosen haben Deckel, die einrasten oder aufgeschraubt werden.

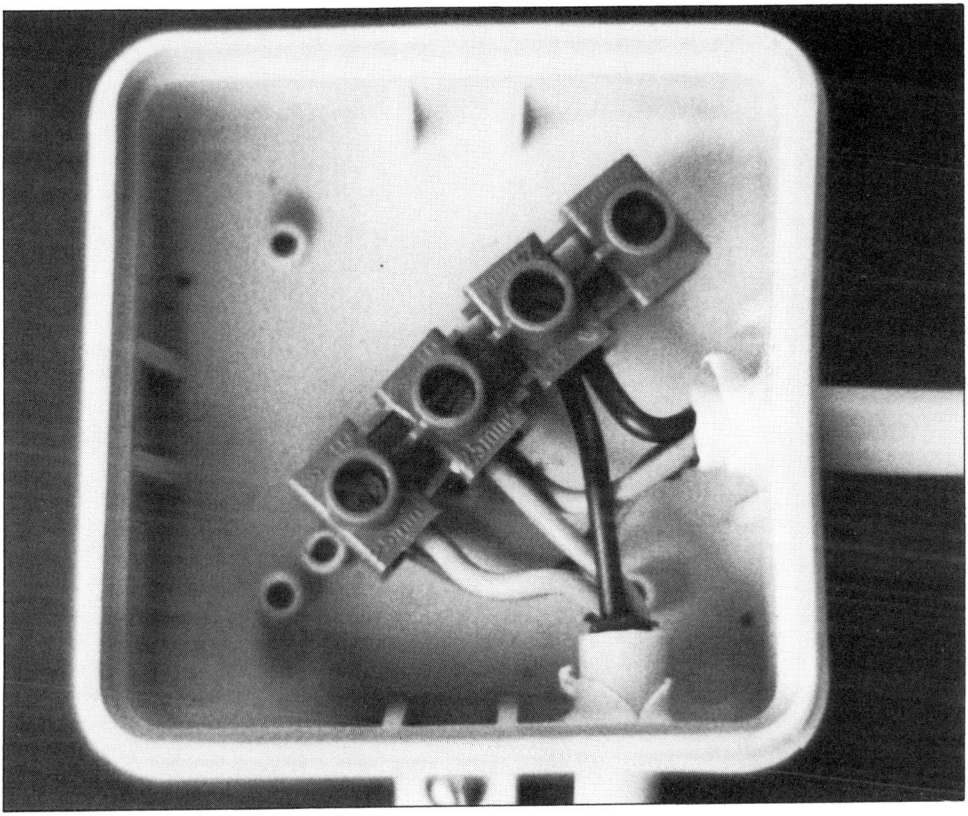

**Verlegung auf
und in der Wand**

Fest verlegte elektrische Leitungen müssen gegen mechanische Beschädigungen geschützt sein. Dies ist der Fall, wenn in der zulässigen Weise verlegt wird. Im einzelnen sieht das so aus:

Die Aufputzinstallation bietet sich dort an, wo es nicht zu sehr auf einen schönen Anblick ankommt, also in Werkstätten, Hobbyräumen, Garagen oder ausgebauten Kellern. Dabei ist es heute üblich, die Mantelleitung NYM mit drei Adern von – je nach dem anzuschließenden Verbraucher – 1,5 oder 2,5 mm² Kupferquerschnitt zu verwenden. In älteren Installationen dagegen sind noch heute Blechschutzrohre verlegt, in die lose Aderleitungen eingezogen sind.

Befestigung der
Mantelleitung

Zum Befestigen der Mantelleitung verwendet man Raster-Druckschellen, die mittels Einschlagdübel oder mit Schrauben und Kunststoffdübeln an der Wand befestigt werden. Für die Kunststoffdübel bohrt man das entsprechende 6-mm-Loch mit einem Hartmetallbohrer, wobei das Schlagwerk einer Schlagbohrmaschine schnelleres Arbeiten erlaubt. Um Einschlagdübel einzuschlagen, ist ein Einschlagsetzeisen zu empfehlen, das die Beschädigung des Befestigungsgewindes (M 6) für die Raster-Druckschellen vermeidet. Die Aufputz-Mantelleitung wird zwischen Aufputz-Abzweigdose und Aufputz-Steckdose oder -Schalter verlegt. Zum Befestigen der Leitung wird die erste Raster-Druckschelle nicht weiter als 10 cm von der entsprechenden Dose entfernt plaziert. Für die weiteren Schellen wählt man bei waagerecht verlegten Leitungen einen Abstand von etwa 30 cm und bei senkrecht verlegten Leitungen von etwa 40 cm.

Nur waagerecht
und senkrecht verlegen!

Bei der Unterputzinstallation sind die elektrischen Leitungen im Putz oder sogar in der Wand verlegt. Der Putz und die Tapete machen diese Leitung unsichtbar, weswegen sie – wie ab Seite 28 beschrieben – nur innerhalb der Installationszonen und dort waagerecht und senkrecht verlegt werden dürfen. Anhand der von außen sichtbaren Schalter und Steckdosen sowie der leichten Erhöhungen an den Stellen, wo die Abzweigdosen übertapeziert sind, läßt sich die Verlegung der elektrischen Leitungen erahnen. An solchen verdächtigen Stellen muß man sich davor hüten, Nägel einzuschlagen oder Dübellöcher zu bohren, wobei Leitungssuchgeräte, die auf Seite 142 beschrieben werden, hilfreich sein können.

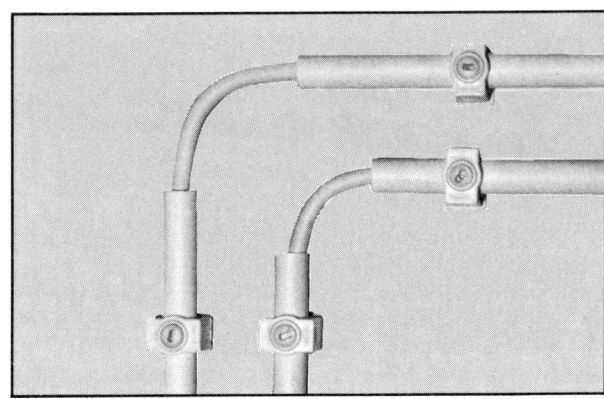

38
*Zur Aufputzinstallation werden heute
meistens NYM-Mantelleitungen verwendet, die mit Raster-Druckschellen
gehalten werden.*

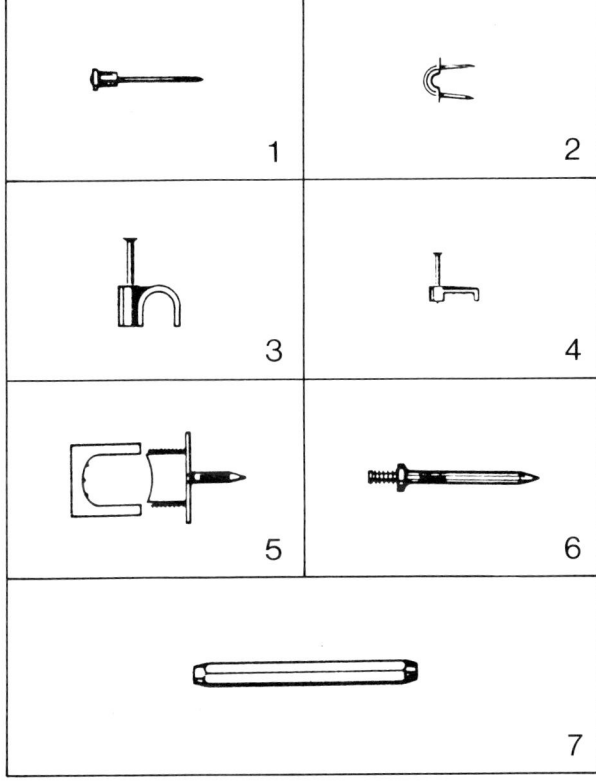

39
*Mit diesen Komponenten werden Lei-
tungen befestigt.*

1 *Stegleitungsnadel mit Kunststoffisolation*
2 *Krampen für Schwachstromleitungen*
3 *Expreß-Schelle für Mantelleitungen*
4 *NYFAD-Schelle für Flachlitze*
5 *Raster-Druckschelle mit Einschlagdübel*
6 *Einschlagdübel*
7 *Einschlag-Setzeisen*

40

*Um ein geordnetes Bild der Leitungs-
führung zu erhalten, werden feste
Abstände für die Raster-Druckschellen
vorgesehen.*

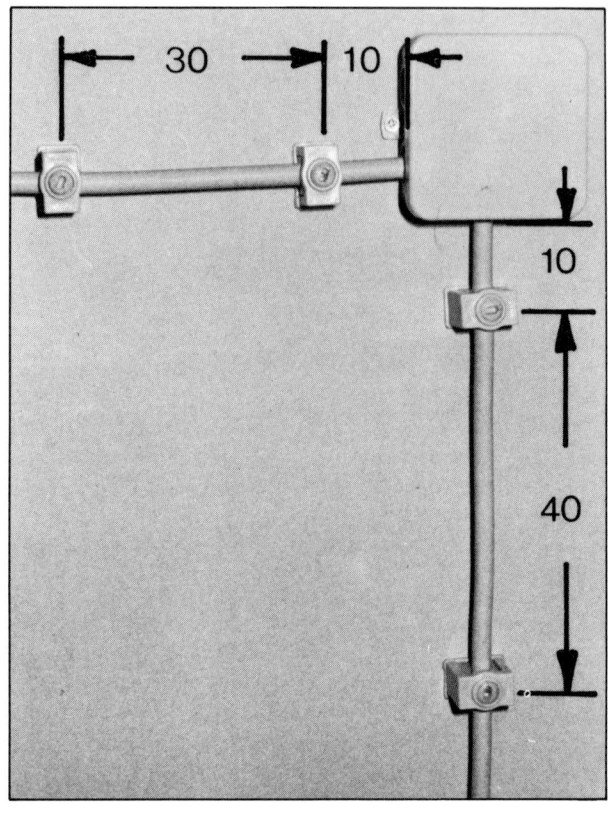

Alte Leitungen

Bei älteren Installationen finden sich noch heute in den Putz
verlegte Blechschutzrohre, in die einzelne Aderleitungen
eingezogen sind. Heutige Installationen werden mit Steg-
und Mantelleitungen, aber auch mit Hilfe von Rohren ausgeführt. Dabei werden Kunststoffrohre verwendet, in die
wiederum einzelne Aderleitungen eingezogen werden.

Stegleitungen

Bei Stegleitungen sind die einzelnen Adern mit einem flachen Gummisteg untereinander verbunden. Zwischen den
Adern sind im Gummi Nagelrillen eingeprägt, um an diesen
Stellen die Leitung mit Stegleitungs-Stahlnadeln von beispielsweise 23, 30 oder 40 mm Länge im Maueruntergrund
zu befestigen. Die Stahlnadeln tragen am Kopf eine Papp-
scheibe oder eine Kunststoffisolation. Beim Festnageln der
Leitung ist dennoch Vorsicht geboten, damit nicht eine Ader

Vorsicht beim Nageln!

getroffen wird. Die gesamte Leitung ist mit Putz zu überdek-ken, weshalb sich das Festnageln auf die Stellen beschrän-ken kann, die erforderlich sind, um die Leitung beim Verput-zen zu halten.

Mantelleitungen werden mit Expreß-Schellen an einigen Stellen auf der unverputzten Mauer im Mauer- oder Putz-schlitz so befestigt, daß anschließend ohne Schwierigkei-ten verputzt werden kann. Mantelleitungen lassen sich einfacher verlegen als Stegleitungen, weil die einzelnen Adern der Stegleitung nebeneinander liegen und sich manchmal störrisch benehmen.

Rohre unter Putz

Wenn bei Unterputzinstallation Rohre verwendet werden, verlegt man in die zuvor ausgemeißelten Schlitze zuerst das Rohr. Die entsprechenden elektrischen Leitungen wer-den erst in das Rohr eingezogen, wenn der Verputz auf den Wänden hält. Hierzu verwendet man ein Stahlband, das man vom Rohranfang zum Rohrende durchschiebt. Am Ende wird die Leitung befestigt und dann mit Hilfe des Stahlbandes durch das Rohr gezogen.

Aderleitungen sind in Installationsrohren nur auf oder unter Putz und in trockenen Räumen erlaubt. Sollen Rohrinstalla-tionen in feuchten Räumen oder innerhalb von Beton ver-legt werden, so müssen Mantelleitungen vom Typ NYM eingezogen werden. Die Installationsrohre werden aus Kunststoff oder aus Metall gefertigt und sind glatt oder ge-wellt. Für die verschiedenen Arten der Verlegung – in oder unter Putz, im Estrich, im Fertig- oder Stampfbeton – stehen entsprechende Ausführungen zur Verfügung. Doch sind die Metallrohre für den Elektro-Heimwerker kaum von Be-deutung.

Kunststoff-Rohre

In Tabelle 14 sind die für häusliche Installationen verwend-baren glatten und gewellten Kunststoff-Isolationsrohre auf-gelistet: es gibt die gewellten Rohre in Ringen zu 25 oder 50 m, während die glatten Rohre auch in Ringen oder aber als 3 m lange Rohrstücke gehandelt werden. Gewellte und auch glatte Rohre werden mit Hakennägeln auf dem Mauerwerk oder im Mauerschlitz befestigt, damit sie sich beim nachfolgenden Verputzen nicht lösen. Eine andere Methode ist das Festheften mit Gipspflastern, mit dem sich der Putz besonders gut verbindet. Bei allen Verlegemetho-den gilt gleichermaßen, daß in einer Mehraderleitung oder in einem Rohr nur die Leitungen eines einzigen Stromkrei-ses verlegt sein dürfen. Zwischen Stromkreisverteiler und

Nur Leitungen eines
Stromkreises verlegen!

Keine unterschiedlichen
Leitungsquerschnitte!

Schaltern oder Steckdosen darf es keine unterschiedlichen Leitungsquerschnitte geben. Denn sonst müßte dort, wo sich der Leitungsquerschnitt verringert, ein Überstromschutzorgan eingebaut werden.

Wo in Baderäumen und Duschecken Steckdosen und Schalter nicht eingebaut werden dürfen, ist bereits in Bild 22 dargestellt. Innerhalb dieser gekennzeichneten Schutzbereiche dürfen auch keine Leitungen im oder unter Putz zur Versorgung von Steckdosen oder Schaltern verlegt sein. Die Ausnahme: Leitungen zur Versorgung von fest installierten Verbrauchern wie Heißwassergeräten dürfen im Schutzbereich verlegt werden, und zwar senkrecht von oben, wenn die Anschlußstelle oberhalb der Bade- oder Duschwanne liegt, oder senkrecht von unten, wenn die Anschlußstelle unterhalb der Oberkante von Bade- oder Duschwanne liegt. Die Leitung muß dabei von hinten in das Gerät eingeführt werden. Auf den Rückseiten der Wände dürfen innerhalb der Schutzbereiche nur dann Leitungen installiert werden, wenn zwischen Leitungen, Schalter- und Abzweigdosen einerseits und der Innenseite des Bade- oder Duschraums andererseits noch eine Mindestwandstärke von 6 cm übrigbleibt. Dabei dürfen weder Leitungen noch Dosen eine Ummantelung aus Metall haben.

Bade- oder Dusch-
wannennähe

Spritzwasserschutz

Leitungen für die Stromversorgung anderer Räume dürfen grundsätzlich nicht durch Bade- oder Duschräume verlegt werden. Leuchten, die im Sprühbereich der Brause installiert werden sollen, müssen mindestens spritzwassergeschützt nach IP 54 ausgeführt sein.

Putzmörtel in Dosen
vermeiden

Vor dem Verputzen der Wand werden die eingebauten Schalter- und Verteilerdosen mit Papier ausgestopft, damit kein Putzmörtel eindringen kann. Nach dem Aushärten des Putzes werden Papier und Mörtelreste entfernt, bevor man mit dem Verbinden der Leiter sowie dem Einbau von Steckdosen und Schaltern beginnt.

Fotografische
Erinnerungsstütze

Um später die Kabel leichter wiederfinden zu können, empfiehlt es sich, vor dem Verputzen jede Wand zu fotografieren. Dabei sollte man zusätzlich den Grundriß des Raumes auf einer Skizze festhalten und auf den Fotos vermerken, welche Wand fotografiert wurde. Anhand einer Fotografie läßt sich die Wand später nicht mehr ohne weiteres erkennen, weil der Putz und die Tapete den optischen Eindruck einer Rohbauwand völlig verändern.

41
Stegleitungen werden angenagelt.

Kunststoff-Installationsrohre, glatte und gewellte

Rohrbezeichnung	Anwendung	Nenngröße
Kunststoff-Isolierrohr, gerillt, flexibel	Im- und Unterputzverlegung	13,5
		16
Kunststoff-Isolierrohr, glatt, Verbindung mit Steckmuffen		13,5
		16
Kunststoff-Panzerrohr, gerillt, flexibel	Auf-, Im- und Unterputzverlegung, im Estrich, im Beton, für hohe Druckbeanspruchung, z.B. Schütt-, Stampf- und Rüttelbeton	13,5
		16
Kunststoff-Panzerrohr, glatt, Verbindung mit Steckmuffen		13,5
		16

Tabelle 14

Außendurchmesser in mm	kleinster Biegeradius in mm	max. Leitungsaufnahme					
		Aderleitungen H 07 V – U			Mantelleitungen NYM / NYY		
		3 x	4 x	5 x	3 x	4 x	5 x
18,7	140	4^2	$1,5^2$	$1,5^2$	$1,5^2$	$1,5^2$	
21,2	140	4^2	$2,5^2$	$2,5^2$	$2,5^2$	$2,5^2$	$1,5^2$
15,8	110	4^2	$1,5^2$	$1,5^2$	$1,5^2$	$1,5^2$	
18,7	140	4^2	$2,5^2$	$2,5^2$	$2,5^2$	$2,5^2$	$1,5^2$
20,4	140	4^2	$1,5^2$	$1,5^2$	$1,5^2$	$1,5^2$	
22,4	160	6^2	$2,5^2$	$2,5^2$	$2,5^2$	$2,5^2$	$1,5^2$
20,4	140	6^2	4^2	$2,5^2$	$2,5^2$	$1,5^2$	$1,5^2$
22,5	160	6^2	6^2	4^2	4^2	$2,5^2$	$2,5^2$

42
*Mit Expreß-Schellen befestigt man die
Mantelleitungen vor dem Verputzen.*

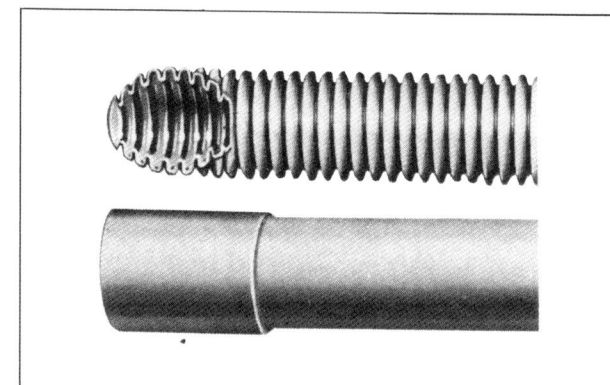

43
*Kunststoffrohre in gewellter oder glat-
ter Ausführung werden dort verwendet, wo nachträglich Leitungen eingezogen werden sollen.*

44
*Mit Hakennägeln werden die Kunst-
stoffrohre auf der Wand oder im
Mauer- oder Putzschlitz gehalten.
Anschließend werden die Rohre mit
den Hakennägeln überputzt.*

45

Ein Foto vor dem Verputzen einer Wand gibt Aufschluß über alle dort verlegten Leitungen.

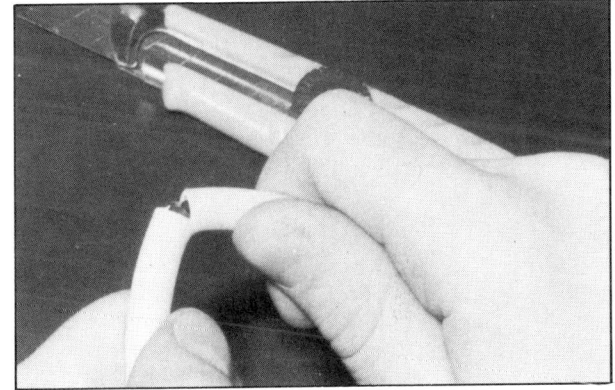

46

Mit einem scharfen Messer schneidet man die Ummantelung vorsichtig ein und biegt danach das Kabel ab.

Das Anschließen der Leitungen

Wenn die einzelnen Leiter in den Verteilerdosen untereinander verbunden werden sollen oder wenn die Leiter an Schalter und Steckdosen anzuschließen sind, muß an den Enden jeweils das letzte Stück Kupferdraht freigelegt werden. Handelt es sich um Mantelleitungen, so muß zuerst der isolierende Mantel entfernt werden, und zwar vorsichtig, damit die einzelnen Aderisolierungen nicht verletzt werden. NYM-Mantelleitungen schneidet man dort, wo die Ummantelung entfernt werden soll, rundum vorsichtig mit einem Messer ein und biegt danach das Kabel, bis die Ummantelung abbricht. Sie läßt sich danach abziehen. Wenn das nicht klappt, weil beispielsweise die Ummantelung nicht abbricht, so schneidet man in Längsrichtung vorsichtig die Ummantelung auf. Danach klappt man sie zurück und schneidet sie ab.

Abmantelzange

Hierfür gibt es aber auch eine Abmantelzange, die das Abmanteln sogar in Installationsdosen möglich macht, ohne dabei die Aderisolierung zu beschädigen.

Anschließend müssen die Aderisolationen der einzelnen Leiter so weit entfernt werden, wie dies zum Anschluß in den Lüsterklemmen, an den Steckklemmen oder an Schaltern und Steckdosen erforderlich ist. Dies kann ebenfalls mit einem scharfen Messer geschehen, wobei allerdings die Gefahr besteht, daß die einzelnen Kupferleiter durch Einschnitte beschädigt werden.

An diesen Stellen können die Kupferleiter abbrechen, auch ist deren Querschnitt verringert. Das richtige Werkzeug für diese Arbeit ist eine Abisolierzange, die es heute schon recht preiswert gibt.

Abisolierzange

Ein Beispiel ist in Bild 51 vorgestellt: Die Zange arbeitet sicher für Litze und Leiter von 0,5 bis 4 mm² Leiterquerschnitt und einer Abisolierlänge bis zu 12 mm. Wie lang das Stück ist, das abisoliert wird, richtet sich nach der Art des Anschlusses für die einzelne Ader. Grundsätzlich soll nicht mehr Aderisolierung entfernt werden als unbedingt nötig, um jede Möglichkeit einer Verbindung zwischen abisolierten Stellen zu vermeiden. Auch dies gehört zum Berührungsschutz, obgleich die einzelnen Anschlüsse hinter Schaltern und Steckdosen oder in Verteilerdosen verdeckt liegen. Um Leiter miteinander zu verbinden, verwendet man die in Abzweigschalterdosen oder in Abzweigdosen enthaltenen Klemmsteine, separate Elastik-Dosenklemmen oder Elastik-Lüsterklemmen.

Klemmen

Der Unterschied zwischen den beiden letzteren besteht darin, daß die Dosenklemmen je Pol eine Klemmschraube haben, während Lüsterklemmen mit zwei Klemmschrauben ausgestattet sind. Diese Klemmen gibt es für 1,0; 1,5; 2,5; 4 bis 6; 10 und 16 mm² Klemmquerschnitt. Um die Leiter miteinander zu verbinden, empfiehlt es sich, die Aderisolationen zu entfernen, die Leiter mittels Zange miteinander zu verdrillen und mit einem Seitenschneider so weit abzuschneiden, daß die blanken Drähte am anderen Ende der Klemme nicht hervorstehen.

Steckklemmen

Seit geraumer Zeit gibt es auch Steckklemmen, die durch einfaches Einschieben der abisolierten Leiterenden bis zu 6 Leiter untereinander verbinden. Die Steckklemmen gibt es für Leiter von 0,75 bis 1,5 mm² und von 1,0 bis 2,5 mm².

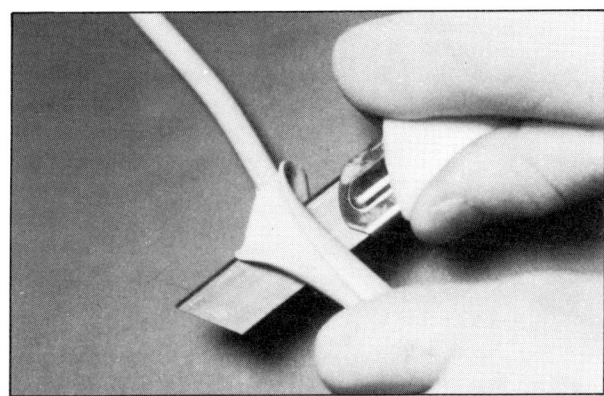

47
Das Längsaufschneiden eines Kabels erfordert Vorsicht. Denn allzu leicht rutscht man mit dem Messer aus.

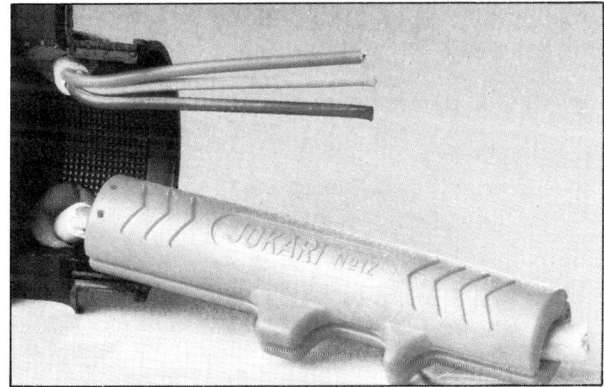

48
Zum Entmanteln, auch an schwer zugänglichen Stellen, kann dieser Entmanteler eingesetzt werden.

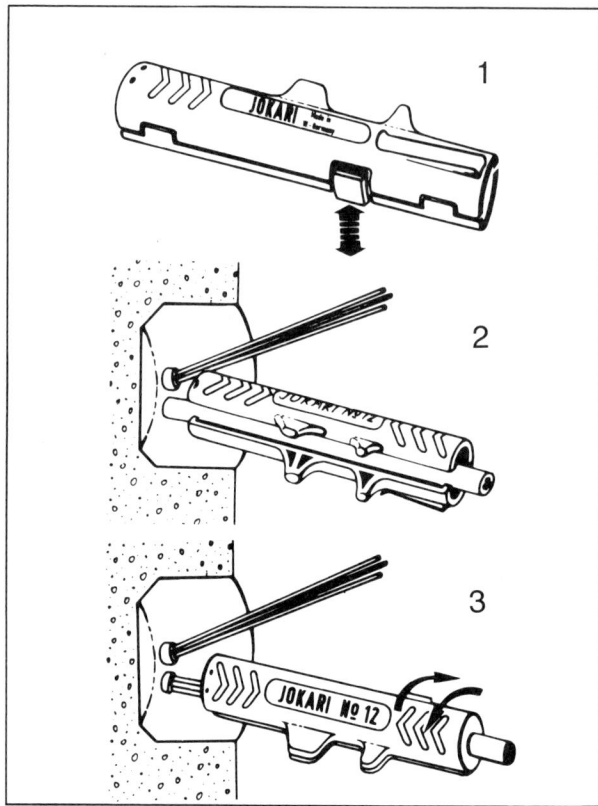

49

Und so wird's gemacht:

1 Sperre lösen
2 Entmanteler öffnen und Kabel ein-
   legen
3 Entmanteler schließen, je eine Vier-
   telumdrehung nach rechts und links,
   Isolierung abstreifen, fertig.

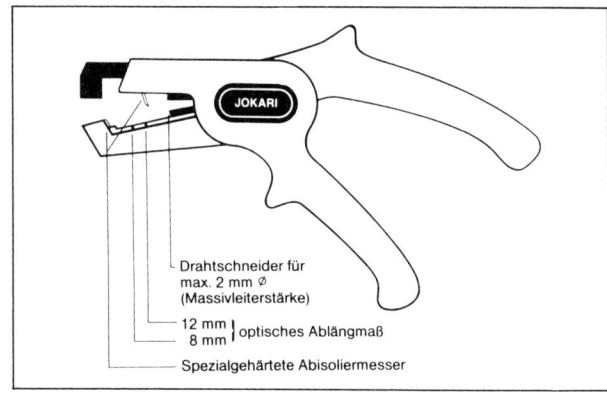

Drahtschneider für
max. 2 mm ∅
(Massivleiterstärke)

12 mm ⎫ optisches Ablängmaß
 8 mm ⎭

Spezialgehärtete Abisoliermesser

50

Diese Abisolierzange arbeitet sicher für
Litze und Leiter von 0,5 bis 4 mm².

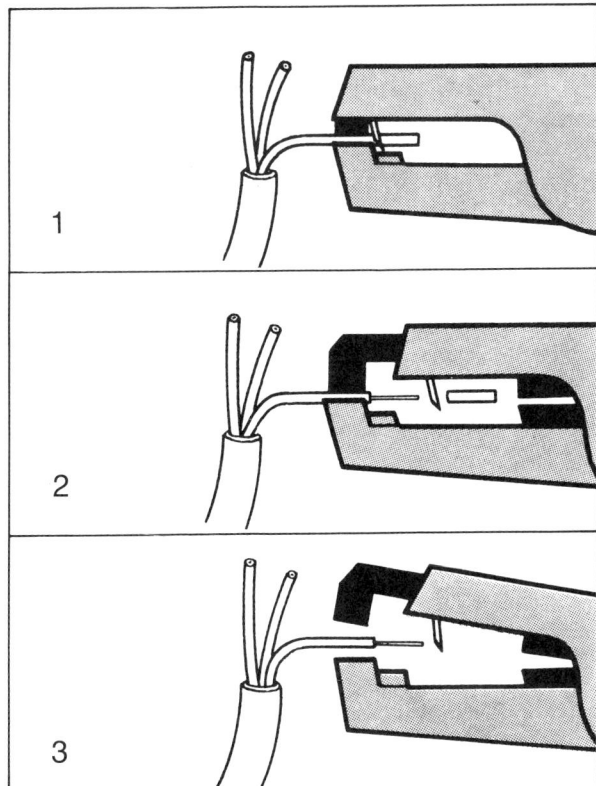

51

1 *Litze oder Leiter einlegen. Das spe-*
zielle Abtastsystem stellt sich auto-
matisch auf den Leiterquerschnitt
ein.
2 *Zudrücken… öffnen, fertig.*
3 *… Das Zudrücken der Zange bringt*
den Drahtschneider in Arbeitsposi-
tion. Zum Abschneiden wieder leicht
öffnen.

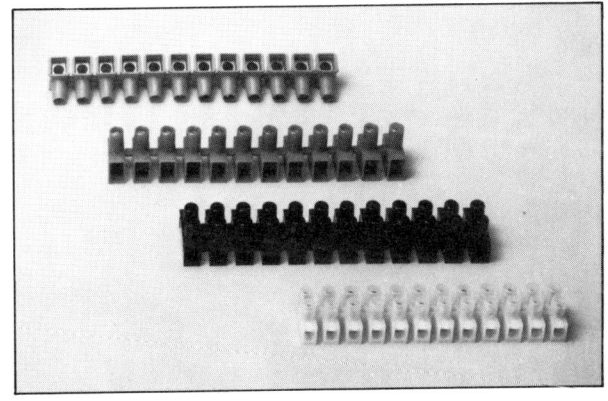

52

Mit den verschiedensten Klemmquer-
schnitten stehen Dosen- und Lüster-
klemmen zur Verfügung.

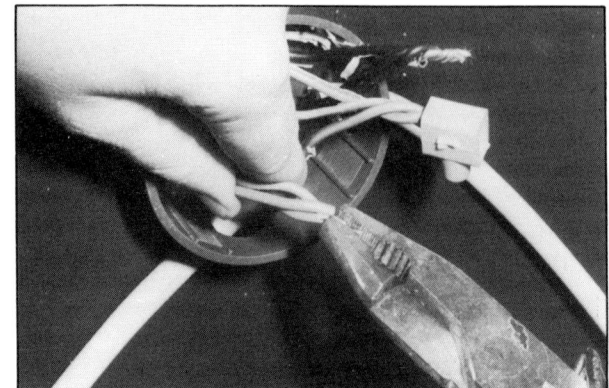

53
Bevor die einzelnen Adern mit Klemmen verbunden werden, verdreht man die Enden mit Hilfe einer Zange miteinander.

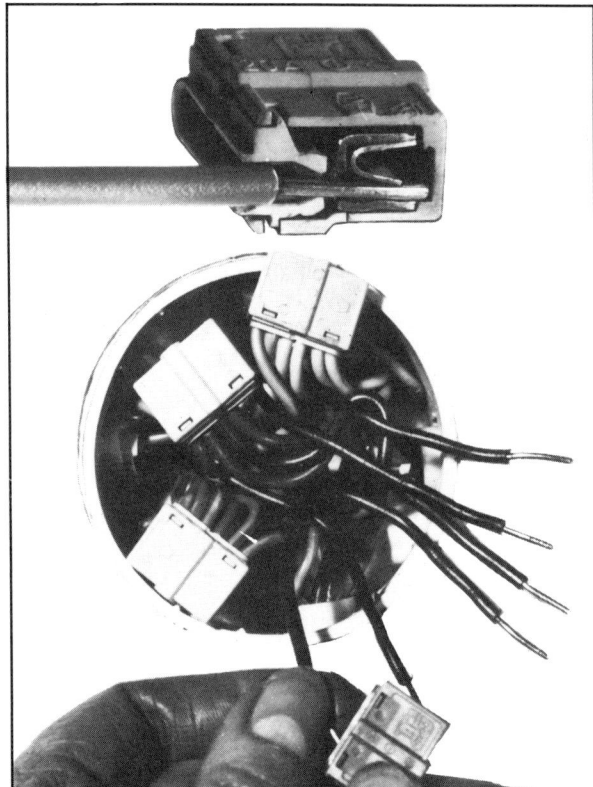

54
Solche Steckklemmen nehmen bis zu sechs Leiter auf. Der Querschnitt im Bild oben zeigt die Art der Klemmung.

Steckdosen stellen den Strom bereit

Wenn die vorhandenen Steckdosen nicht ausreichen, können Tischsteckdosen oder Steckdosenleisten mit kurzen, beweglichen Anschlußleitungen und Schutzkontaktsteckern diesen Mangel beseitigen. Außerdem gibt es Schutzkontaktsteckdosen für zwei oder drei Stecker, die anstelle einer Einfachsteckdose in nur einer Schalterdose installiert werden können. Die Installation selbst befindet sich dann zwar unter Putz, doch sitzen die Steckdosen über dem Putz. Im Handel sind nach wie vor – und leider in verstärktem Maße – wieder Doppel- und Mehrfachsteckdosen mit fest installierten Steckern anzutreffen. Diese Verteilerstecker sind aus gutem Grund verboten und sollten lieber beim Händler im Regal verbleiben.

Stromkreis und Leistung

Wenn an eine Leitung, die durchgängig unter Putz liegt, weitere Steckdosen angeschlossen werden, so ist zu beachten, daß ein Stromkreis bei 10 Ampere nicht mehr als 2,2 Kilowatt liefern kann. Sofern mehr Leistung gebraucht wird, hilft nur noch ein zusätzlicher Stromkreis. Wenn nachgerechnet wurde und die Leistung ausreicht, sucht man die nächstgelegene Abzweigdose oder auch Steckdose und stemmt in den Putz Schlitze für die Kabel, und zwar dort, wo im Rahmen der Installationszonen (Bild 17 und 18) die Leitung zu verlegen ist. Von der Seite her schafft man einen Durchbruch durch die Dose. Es versteht sich von selbst, daß zuvor dieser Stromkreis spannungsfrei geschaltet wurde. Anders ausgedrückt: Die Sicherung ist herausgedreht oder der Sicherungsautomat ausgeschaltet. Zuvor prüft man, ob tatsächlich die schwarze Ader den Strom führt. Dazu benutzt man den Spannungsprüfer.

Spannungsprüfer

Nach dem Spannungsfreischalten werden dann die Drähte mit ihren Klemmen vorsichtig aus der Dose herausgezogen, um für die neue Leitung eine Einführungsöffnung durchbrechen zu können. Danach zieht man die neue Leitung ein, isoliert sie ab und verbindet sie gemäß Tabelle 12 mit den einzelnen Leitern. Am anderen Ende des Kabels sind zuvor in der Mauer Aussparungen vorbereitet, um dort die Schalterdosen einzugipsen. Dort werden dann die Steckdosen entsprechend der Beschreibung von Seite 81 eingebaut.

Steckdoseneinbau

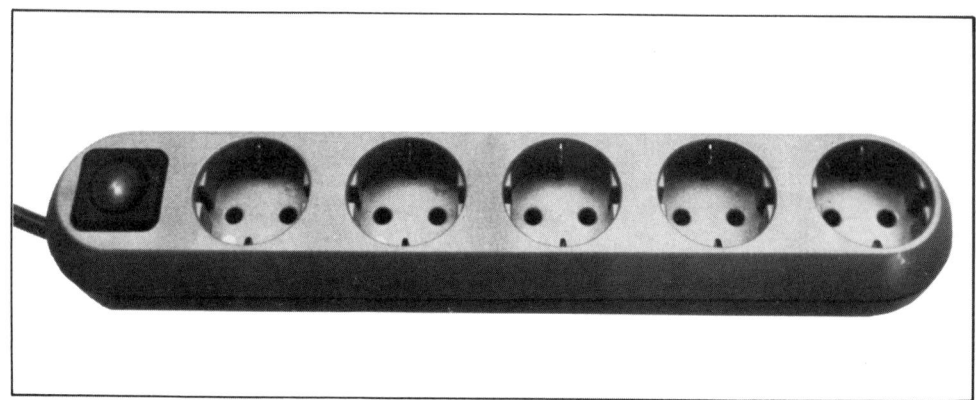

55
Tischsteckdosen oder Steckdosenlei-
sten erweitern das Steckdosenange-
bot. Doch lassen sich nicht mehr
Geräte gleichzeitig anschalten als dies
die Belastbarkeit des Stromkreises
erlaubt.

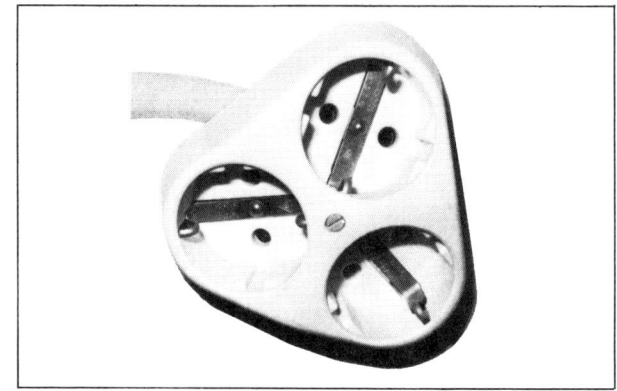

56
In einer Unterputzdose kann eine dop-
pelte oder dreifache Schutzkontakt-
steckdose installiert werden. Das
Steckdosengehäuse ragt dann jedoch
deutlich über die Wandfläche hinaus.

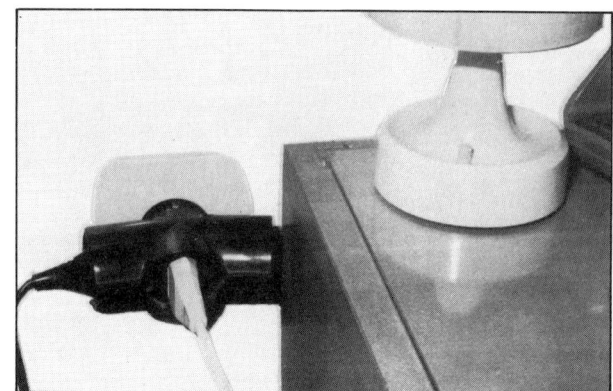

57
Doppel- und Mehrfachsteckdosen mit
fest installierten Steckern sind äußerst
gefährlich und deshalb verboten!

58
Mit einem einpoligen Spannungsprüfer stellt man zuerst fest, welche Klemmen Strom führen.

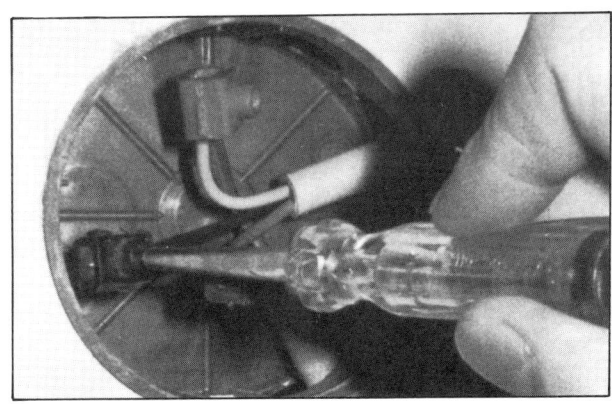

Kabel in Sockelleisten und Türrahmen

Kabelkanäle

Paßgenauer Anschluß

Wenn die Wände aus Sichtbeton bestehen, in die keine Schlitze und Aussparungen geschlagen werden können, oder wenn der Vermieter bauliche Veränderungen verbietet, helfen nur Zusatzinstallationen mit Kabelkanälen um Türrahmen und Sockelleisten. Dafür gibt es Sockelleistenkanäle in den Farben Grau, Braun, Anthrazit und Elektroweiß, auch in Eiche-hell oder Nußbaum-dunkel. Zudem sind Sockelleistenkanäle im Handel, auf deren Sichtseite Teppichboden angebracht werden kann, der dem verlegten Teppichboden farb- und mustergenau entspricht. Zu diesem System gehören auch Türrahmenkanäle, die an die Sockelleistenkanäle angeschlossen werden und es ermöglichen, den Türrahmen zu umgehen.

Die Sockelleisten- und Türrahmenkanäle sind teilweise mit einem Trennsteg versehen, der es erlaubt, zwei oder drei voneinander unabhängige Sromkreise im gleichen Kanal zu verlegen. Dabei können auch Schwachstromleitungen untergebracht werden.

Zur sauberen Verlegung gehört es, die Deckel und Unterteile gemeinsam auf Gehrung zu sägen, wobei Endabdeckplatten das offene Ende eines Kanals abschließen. Bei vielen Leistentypen gibt es vorgefertigte Formstücke für Innen- und Außenecken, die für paßgenauen Anschluß der Kanäle sorgen und Arbeit ersparen. Schalter und Steckdosen können je nach Kanalsystem unter Putz angebracht werden oder in Einsätzen, deren Form sich dem Sockelleistenkanal anpaßt. Solche Einsätze nehmen Überputzsteckdosen auf, wobei die optische Wirkung einer unter Putz verlegten

Schutzkontaktsteckdosen

Steckdose entspricht. Man bezeichnet diese Teile als Formstücke für Schutzkontaktsteckdosen. Es gibt solche Formstücke auch für die Anschlußdosen von Antennen und Lautsprechern.

Installationskanäle dieser Art können auch unterhalb der Decke an der Wand verlegt werden. Man spricht dann von

Galeriekanäle

einem Galeriekanal. Von dort aus können Leitungen frei hängend unter der Decke verlegt werden, um Deckenleuchten anzuschließen. Solche frei verlegten Leitungen sind der Ausweg, wenn keine Leitungen in die Decke hinein verlegt werden können. Das Problem stellt sich oft bei Betondecken. Dann wird auch das Aufhängen von Lampen schwierig. Man braucht Bohrer, die mit Hartmetallschneiden bestückt sind und eine gute Schlagbohrmaschine, um Dübellöcher in die Decke zu bohren.

In das Dübelloch schiebt man einen Kunststoffdübel und dreht einen Deckenhaken hinein, an dem die Lampe einen sicheren Halt findet.

Steckdosen und Schalter sind als sichtbare Teile des Stromnetzes in der Wohnung über der Tapete angeordnet. Deswegen wird man ihr Aussehen bei der Einrichtung einer Wohnung berücksichtigen, wenn es um die geschmackvolle Gestaltung geht.

Auswahl an Steckdosen
und Schaltern

Ein in Technik und Design gelungenes Angebot von Steckdosen und Schaltern hat die Firma düwi mit ihrem »Top Luxe«-Programm entwickelt, das auch in der Farbkombination keine Wünsche offenläßt. So gibt es Schalterwippen und Rahmen um Schalter oder Steckdosen in Weiß, Beige, Braun und Bronze, wobei die Farben untereinander kombiniert werden können. In Bild 62 ist eine Steckdosen-Schalterkombination aus dem umfangreichen düwi-Programm gezeigt, auf das sich auch die folgende Beschreibung bezieht.

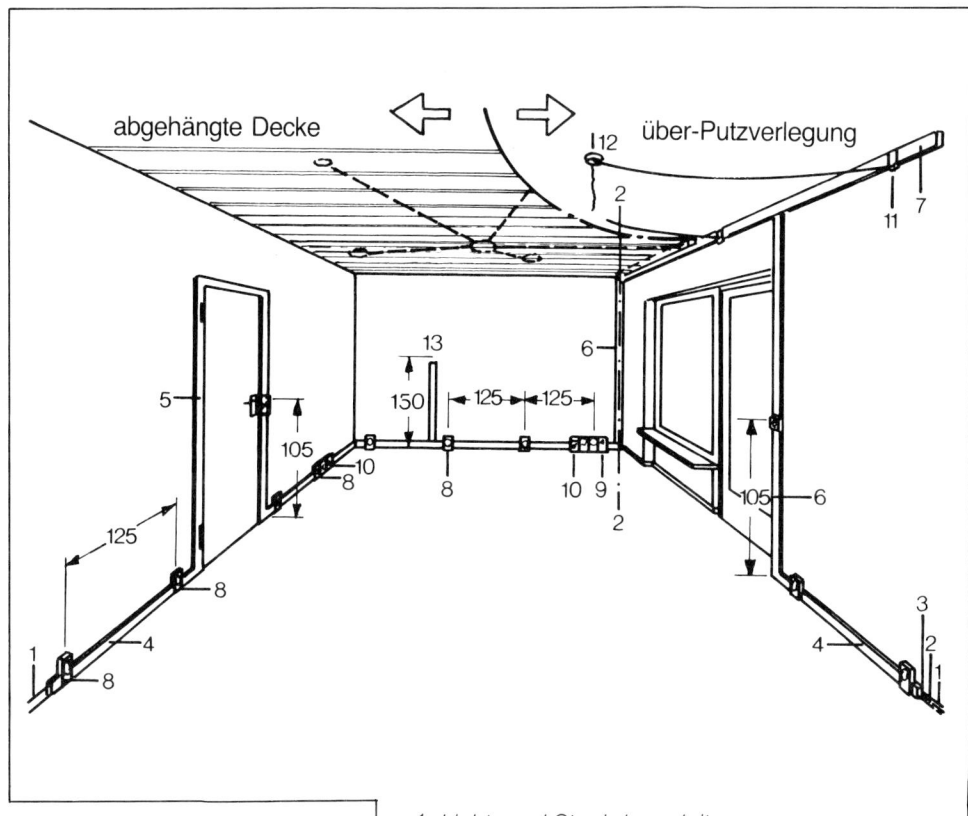

59

Fußleisten-, Wand-, Tür- und Galeriekanäle können dort installiert werden, wo Leitungen nicht innerhalb der Wände verlegbar sind.

1 Licht- und Steckdosenleitung
2 Antennenleitung für Radio/TV
3 Lautsprecherleitung
4 Fußleistenkanal
5 Türkanal
6 Wandkanal
7 Galeriekanal,
   Formstücke für:
8 Schutzkontaktsteckdose
9 Lautsprecherleitung
10 Antennenleitung
11 Abzweigstück
12 Leuchtenbaldachin für Deckenleuchte
13 Wandleuchte

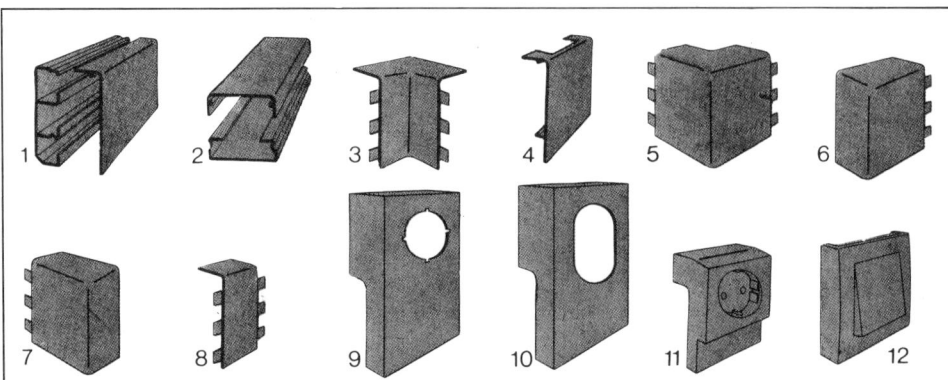

60
Einzelne Formstücke ermöglichen eine optimale Verlegung und Bestückung von Kanalsystemen.

1 *Fußleistenkanal mit drei Gefachen*
2 *Wandkanal*
3 *Inneneck*
4 *Fußleisten-Abzweigstück*
5 *Außeneck*
6 *Endstück, links*
7 *Endstück, rechts*
8 *Kupplungsstück*
9 *Formstück für Schutzkontakt-, Antennen-, Radio-oder TV-Steckdose*
10 *Formstück für Schutzkontakt-Doppelsteckdose*
11 *Schutzkontakt-Steckdose*
12 *Wippschalter*

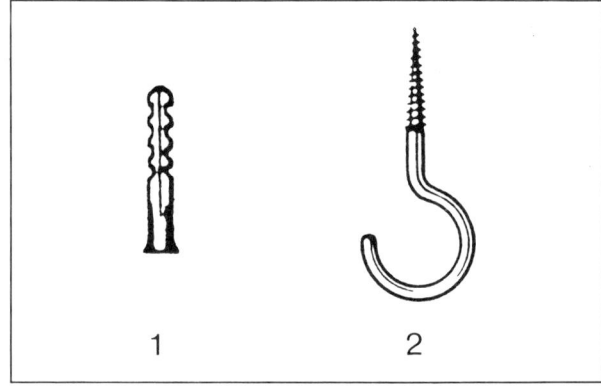

61
Deckenhaken tragen die Deckenleuchten. In Massivdecken wird der Haken mit einem Dübel befestigt:

1 *Kunststoffdübel,*
2 *Deckenhaken.*

Einbau von Steckdosen

Um Steckdosen zu installieren, muß man in jedem Fall den Strom abschalten und die Leitung auf Spannungsfreiheit prüfen.

Bei neu verlegten Leitungen werden die Aderenden auf eine Länge von 10 mm abisoliert und die Leitungen danach an den Anschlußklemmen der Steckdosen angeschlossen.

Dabei ist zu beachten, daß der stromführende Außenleiter wie auch der Mittelleiter an die Klemmen der nebeneinanderliegenden Kontaktbuchsen angeschlossen werden.

Schutzleiteranschluß

Der Schutzleiter muß in jedem Fall an die in der Mitte plazierte Anschlußklemme angeschlossen werden, dort, wo das Symbol ⊕ angebracht ist.

Im düwi-Programm ist die Schraube dieser Klemme verkupfert, um noch deutlicher auf diesen Punkt hinzuweisen.

Zum Anschluß der Adern öffnet man die Schrauben der Anschlußklemmen durch Linksdrehung und schiebt das abisolierte Aderende links vom Schraubenschaft unter den Schraubenkopf, so daß sich das Aderende beim Zudrehen der Schraube im Uhrzeigersinn nicht herausschieben kann.

Anschlußklemmen

Die Anschlußklemmen der düwi-Steckdosen sind auch als Verteilungs- oder Verbindungsklemmen geeignet. So können durch die Verbindung der einzelnen Anschlußklemmen untereinander zwei oder drei Steckdosen miteinander gekoppelt werden. Die Steckdose wird mit Hilfe von Spreizkrallen in der Dose befestigt, die zuvor in der Wand eingegipst wurde. Die Spreizkrallen werden in der Einbaudose auseinandergedrückt, wenn die damit verbundenen Schrauben festgezogen werden. Dabei drücken sich die Krallen in das Plastikmaterial der Dose ein.

Zu beachten ist, daß man nicht zufällig die Isolationen von Leitungen trifft, die in der Einbaudose verlaufen. Die Spreizkrallen sind von einem Gummiring umgeben, der das Einschieben von Steckdose und losen Spreizkrallen in die Einbaudose problemlos ermöglicht. Ohne den Gummiring ist es problematisch, die lockeren Teile an den richtigen Stellen zu plazieren.

Steckdosenabdeckung

Für die Abdeckung der Steckdose ist ein Einfach- oder Mehrfachrahmen erforderlich. Der Rahmen wird von einem oder mehreren Sockeln gehalten, die eingesteckt und mit einer Mittelschraube im Schutzkontaktverbindungssteg befestigt werden.

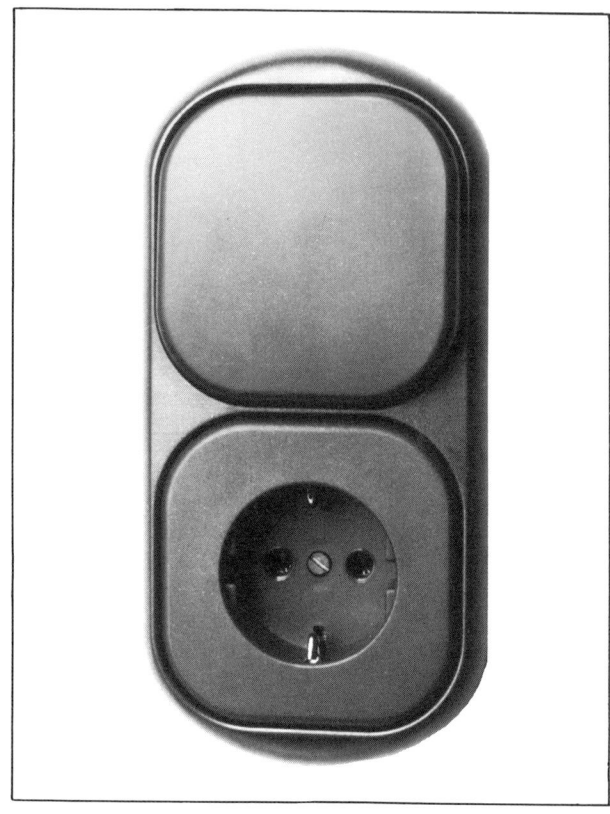

62
Diese Kombination von Schalter und
Steckdose im Zweifachrahmen zeigt
nur eine der vielen Möglichkeiten im
düwi-»Top Luxe«-Programm.

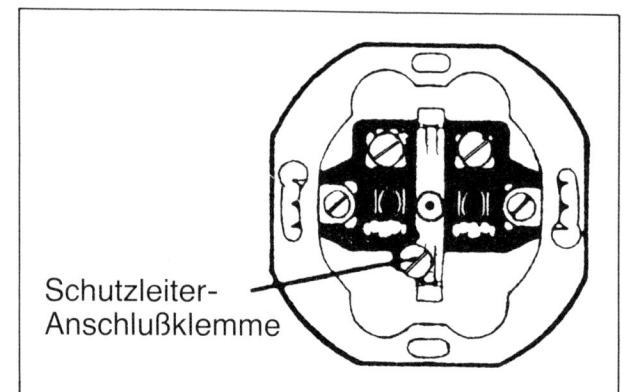

Schutzleiter-
Anschlußklemme

63
Im Schaltbild von der Schutzkontakt-
Steckdose wird besonders auf die
Schutzleiter-Anschlußklemme hinge-
wiesen.

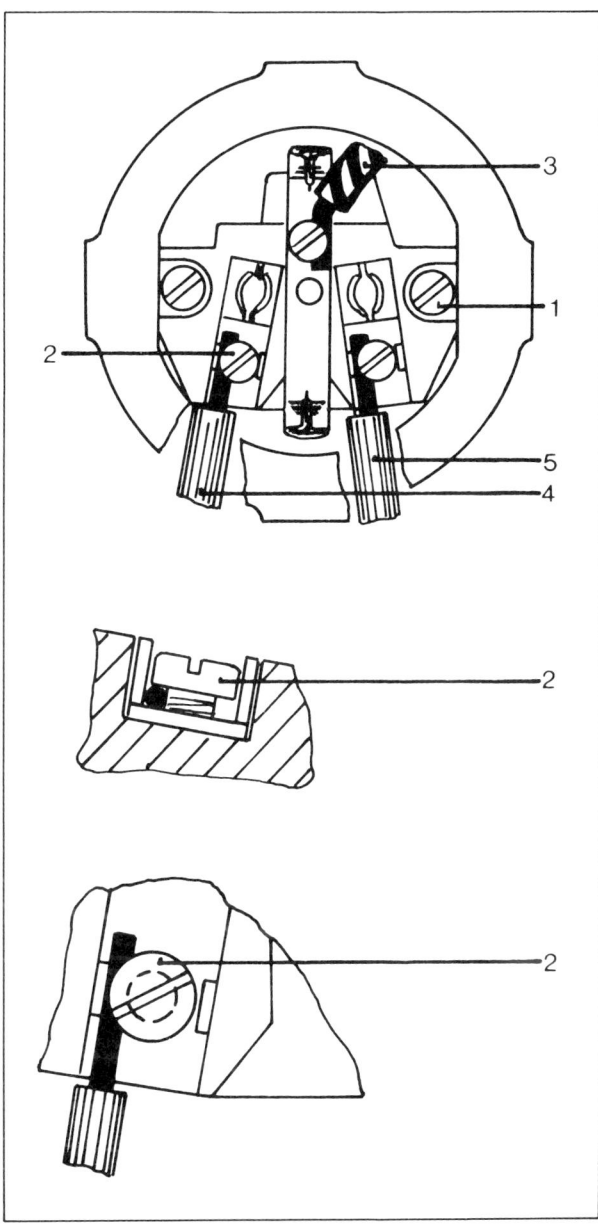

64

So wird die düwi-Steckdose ange-
schlossen:

1 Schrauben der Spreizkrallen
2 Schrauben der Anschlußklemmen
3 Schutzleiter
4 Mittelleiter
5 stromführender Leiter

Die stromführende Leiter

Wenn bei der Installation mit direkter oder klassischer Nullung gearbeitet wurde, muß eine Brücke vom Schutzleiter zum Mittelleiter gelegt werden. Dabei muß man sich vergewissern, welcher der stromführende Leiter und welcher der Mittelleiter ist.

Um diese Brücke zu legen, isoliert man ein etwa 100 mm langes Stück Aderleitung mit demselben Anschlußquerschnitt, den die Leitung aufweist, an beiden Enden auf eine Länge von 10 mm ab und klemmt es unter die Klemmschrauben der Anschlußklemmen des Mittelleiters und des Schutzleiters.

An der Klemmschraube des Mittelleiteranschlusses und des Schutzleiteranschlusses sitzt dann ein Draht links und rechts vom Schraubengewinde, was beim Festziehen der Schraube beachtet werden muß.

Funktionsprüfung

Sobald der Anschluß der Steckdose fertig und die Abdeckung aufgeschraubt ist, schaltet man den Strom wieder ein und überprüft die einwandfreie Funktion, wie ab Seite 143 beschrieben.

65
Schalter und Steckdose werden mit Spreizkrallen in der Einbaudose gehalten. Zum Montieren muß der durch Pfeil gekennzeichnete Gummiring um die Spreizkrallen gelegt werden.

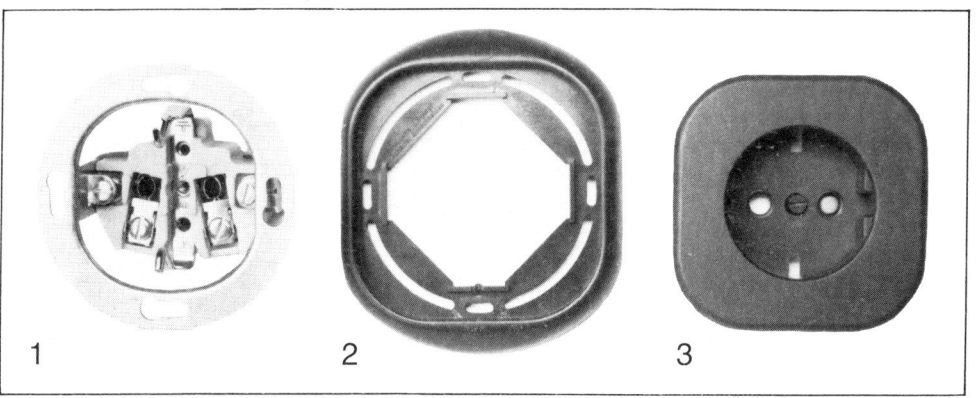

1   2   3

66 *(oben)*
So wird eine Steckdose zusammengebaut:

1 Steckdoseneinsatz montieren
2 Rahmen darüberhalten und
3 Abdeckung im Mittelgewinde der Steckdose 1 festschrauben.

67 *(unten links und rechts)*
Eine Brücke zwischen Schutzleiter- und Mittelleiteranschluß wird dann erforderlich, wenn die direkte oder die klassische Nullung vorliegt. PE, auch SL oder NL, N auch Mp oder NL, L1 auch P genannt, links die Steckdose von vorn und rechts von hinten.

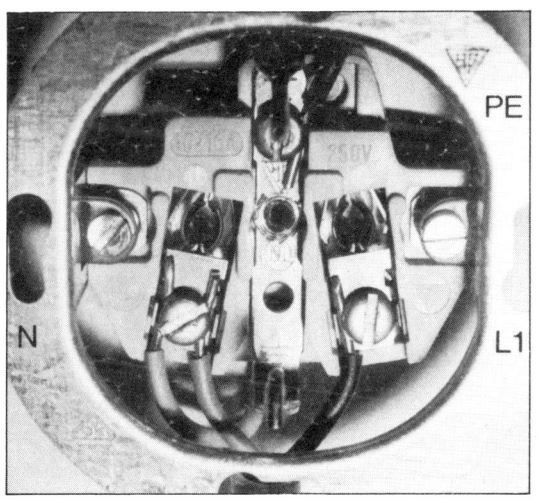

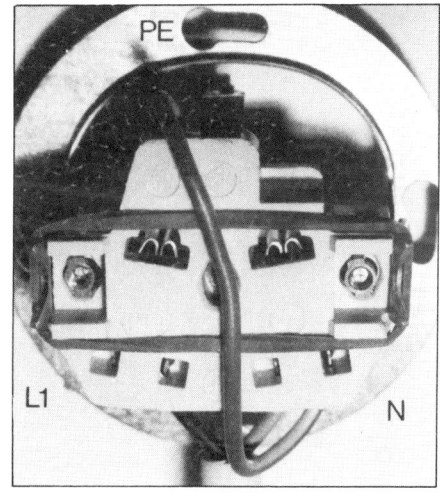

Mehrfachsteckdosen

Wenn eine Steckdose nicht reicht, helfen Zwei- oder Dreifachsteckdosen weiter, die in einer Einbaudose Platz finden. Die Abdeckung, die stärker über Wandniveau hervorsteht, enthält zwei oder drei Steckdosen, wobei diese Kombination im Gesamtbild eines Zimmers stärker in Erscheinung tritt als die einzelne Steckdose.

Die Isolationen der einzelnen Leiter haben festgelegte Farben, deren Bedeutung in Tabelle 7 beschrieben wird. Mehrere Steckdosen in Kombination werden in Form des sogenannten Durchschleifens angeschlossen. Dabei unterscheidet man zwischen dem Durchschleifen mit geschnittenem und mit ungeschnittenem Draht.

Nur gleichgroße
Querschnitte

Wie schon ab Seite 60 erläutert, sollen nur gleichgroße Drahtquerschnitte verwendet werden.

Beim Durchschleifen wird je ein Drahtende links und rechts vom Schraubenschaft eingeklemmt. Drähte mit unterschiedlichen Querschnitten klemmt man links vom Schraubenschaft gemeinsam übereinander ein.

Während das Durchschleifen von ungeschnittenem Draht problemlos verläuft, muß bei geschnittenem Draht gewährleistet sein, daß die Anschlußklemmen als Verbindungsklemmen (auch Verteilungsklemmen genannt), ausgebildet sind. Anderenfalls müssen gleichwertige Anschlußklemmen vorgesehen werden, wie diese beispielsweise in Bild 33 gezeigt sind.

Gleichwertige
Anschlußklemmen

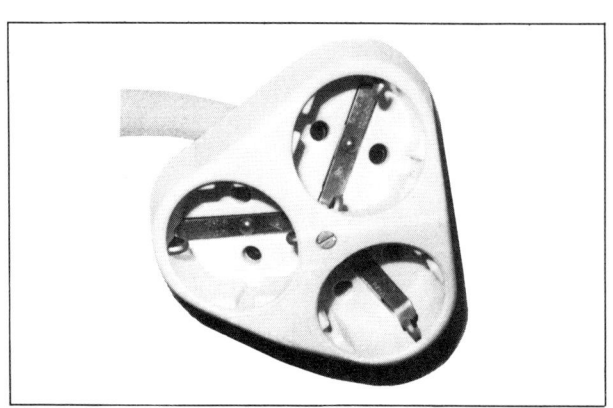

68
Solch eine Steckdose schafft mehr Anschlußmöglichkeiten, ohne erneut Einbaudosen setzen und Leitungen installieren zu müssen.

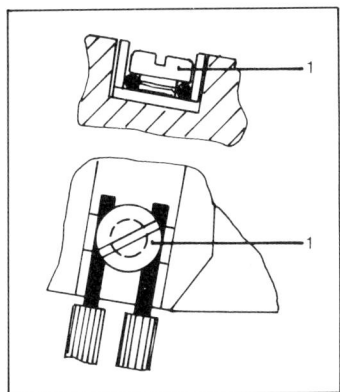

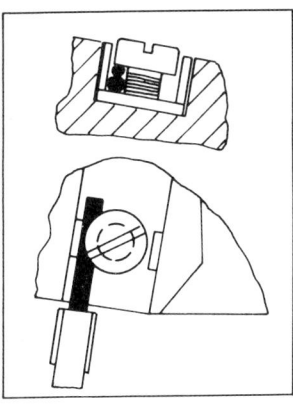

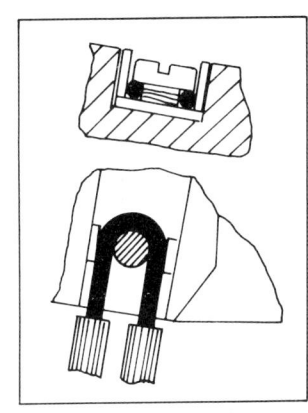

69
*So schleift man geschnittenen Draht
gleichen Querschnitts durch eine
Anschlußklemme der Steckdose:*

1 Schrauben der Anschlußklemmen

70
*Ungleiche Drahtquerschnitte wer-
den auf diese Weise geschleift.*

71
*Beim Durchschleifen von unge-
schnittenem Draht legt man den
Leiter um den Schraubenschaft
herum.*

Anschluß von Antennen

Dosen für Telefonanschlüsse sind Sache der Deutschen Bundespost. Antennensteckdosen sind dagegen dem Zugriff des Heimwerkers nicht entzogen. Auf Sorgfalt kommt es auch hier an, nicht der gefährlichen Spannungen wegen, sondern vielmehr wegen des einwandfreien Radio- und Fernsehempfangs. Die verlegten Koaxialkabel werden deswegen gemäß Bild 73 abisoliert, wobei man die feinen Drähte des Abschirmungsgewebes vollständig über die Außenisolation zurückschlägt. Keinesfalls dürfen diese Drähte den gegenüber der Abschirmung isolierten Antennenleiter berühren. Auch ein zu geringer Abstand kann sich auf den Empfang auswirken. An die Antennendosen, die vom Leitungsstrang abzweigen, sind zwei Leitungen angeschlossen. In die Dose, in der die Antennenleitung endet, muß ein Endwiderstand eingebaut werden.

Lautsprecheranschluß

Die Dosen für den Anschluß von Lautsprechern sind je nach Steckersystem verschieden. Die Verkaufsverpackungen zeigen jeweils die Anschlußbilder.

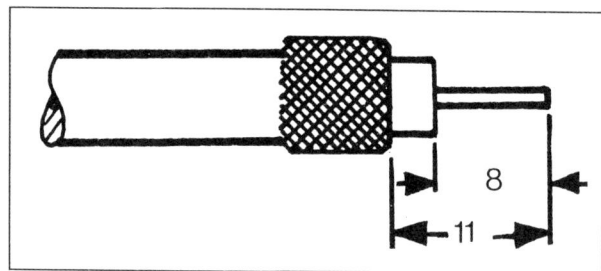

72
Ein zum Anschluß vorbereitetes Koaxialkabel.

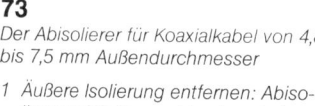

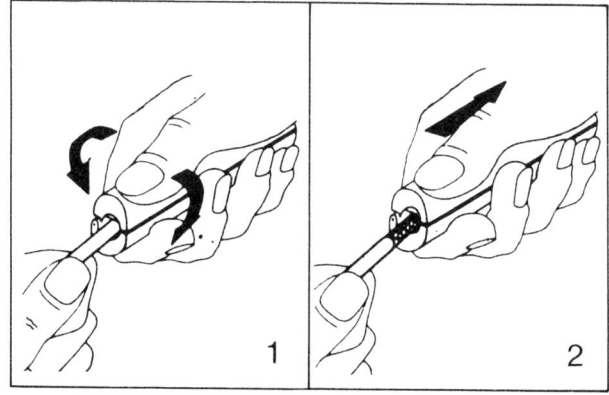

73
Der Abisolierer für Koaxialkabel von 4,8 bis 7,5 mm Außendurchmesser

1 Äußere Isolierung entfernen: Abisolierer schließen und je einmal eine Vierteldrehung nach links und rechts ausführen.
2 Das abgetrennte Kabel abziehen. Schirmungsgeflecht über den Mantel zurückschlagen.

73a
*3 Für das Freilegen des inneren Leiters
die Messer mit größerer Schnittiefe
benutzen. Auch hier je einmal eine
Vierteldrehung ausführen.
4 Innere Isolierung abziehen.*

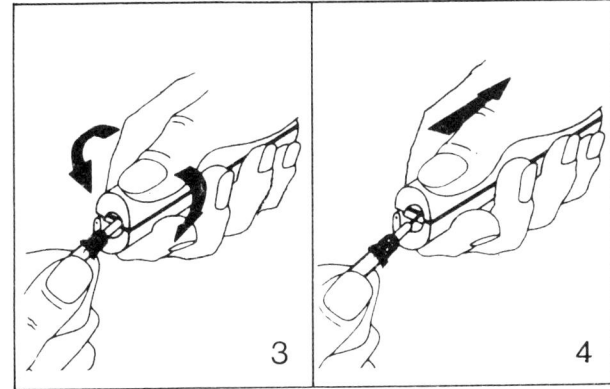

Antennendosen

Die im düwi-Programm angebotenen Antennensteckdosen sind störstrahlsicher nach DIN 45 330 für Fernsehen und Rundfunk vorgesehen.
Sie sind mit Richtungskopplern ausgerüstet und für Breitbandkabelnetze des Kabelfernsehens geeignet.
Bei Antennenanlagen mit mehreren Steckdosen oder bei Wohnanlagen mit schlechter Empfangsqualität kann ein Verstärker erforderlich werden.

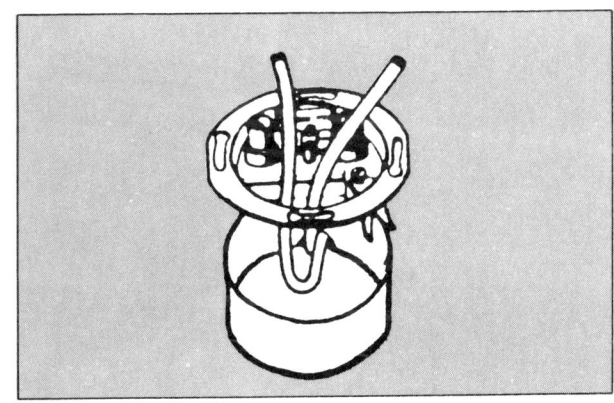

74
Bevor der Antennendoseneinsatz montiert wird, führt man die Kabelenden durch die Dose hindurch.

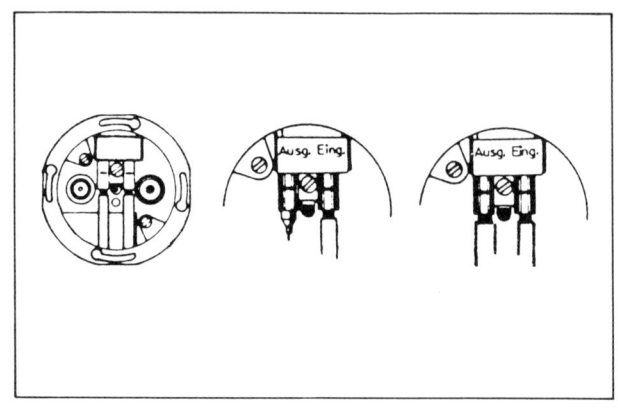

75
*Der Innenleiter des Koaxialkabels wird
an der Kontaktschraube festgeklemmt.
Die Kabelabschirmung erhält Kontakt
durch das Herunterklappen und Festschrauben des mit »AUSG.« und
»EING.« beschrifteten Deckels.
Mitte: Bei Verwendung als Enddose
muß der mitgelieferte Abschlußwider-
stand eingeklemmt werden.
Rechts: von der Antenne kommend
klemmt man auf EING. und als Verbindung zur nächsten Antennendose auf
AUSG.*

76
*Ansicht der düwi-Antennendose von
außen und hinter der Abdeckung.*

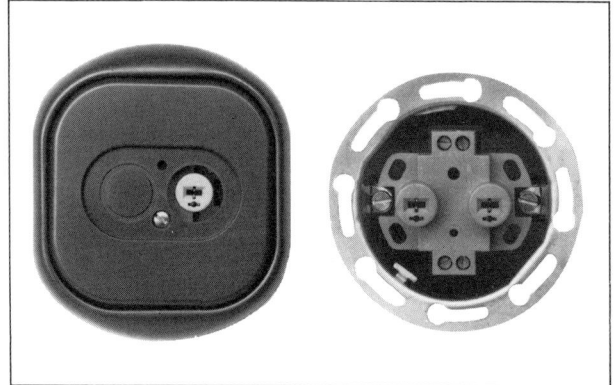

77
*Eine Lautsprecheranschlußdose im
»Top Luxe«-Programm.*

Drehstrom

Kraftwandsteckdosen nach CEE werden für Drehstrom mit 380 Volt eingesetzt. Sie ersetzen die lange gebräuchlichen Perlexsteckdosen. Bei der Unterputzinstallation werden die Kraftwandsteckdosen in Ø 70 mm Unterputzeinbaudosen befestigt. Bei der Aufputz-Version wird die Steckdose mit Schrauben oder Schauben und Dübel am Untergrund befestigt. Fünf Leiter führen zu den Kontaktbuchsen. Sieht man von außen auf die Kontaktbuchsen, so ist der Schutzleiter PE (grün/gelb) an der großen Buchse angeschlossen, die genau vor der Unverwechselbarkeitsnut liegt. Im Uhrzeigersinn gesehen wird von dieser Nut aus danach installiert: $R_1 = L_1$, $S_2 = L_2$, $T_3 = L_3$ und schließlich der Mittelleiter N. Wenn bei der Installation die direkte oder klassische Nullung angewandt wird, wenn also nur vier Leitungsdrähte ankommen, wird eine Brücke zwischen die Klemmen des Schutzleiters PE und der Klemme des Mittelleiters gelegt. Drehstromsteckdosen stehen für 16-A-, 32-A-und 63-A-Belastbarkeit zur Verfügung. Während die 16-A-Ausführung im privaten Bereich Verwendung findet, beispielsweise zur Stromversorgung der eigenen Kreissäge, sind die beiden stärkeren Systeme in Landwirtschaft, Handwerk und Industrie erforderlich.

Herdanschluß und Geräteanschlußdosen

Herd- und Geräteanschlußdosen werden mit ihren Krallen in Unterputzdosen von 70 mm Durchmesser geklemmt. Ein herausnehmbarer Klemmstein mit Klemmen für den Nennquerschnitt von 2,5 mm² stellt die Verbindung zwischen dem Stromkreis und dem Verbraucher her. Für den Fall, daß Querschnitte von 4 mm² erforderlich sind, gibt es Ausführungsformen mit rechteckigen Einbaudosen, die in die Wand eingegipst werden. Für den Anschluß von Geräten gibt es zahlreiche Varianten. So können auch Elektrospeicherheizungen mit Dosen angeschlossen werden, ebenso Fußbodenheizungen und andere elektrische Verbraucher. Damit stoßen wir aber auf ein Gebiet vor, in dem der Elektroinstallateur tätig werden muß, weil hier neben Installationsfragen auch Probleme der Leistungskapazität, der Stromtarife und anderes mit dem EVU zu klären sind.

Fachmann fragen

78 a *(links oben)*
Ein Kraftstecker zum Übertragen von
Drehstrom hat fünf Kontaktstifte.

78 b *(rechts oben)*
Bei Elektroherden sind spezielle Herd-
anschlußdosen erforderlich.

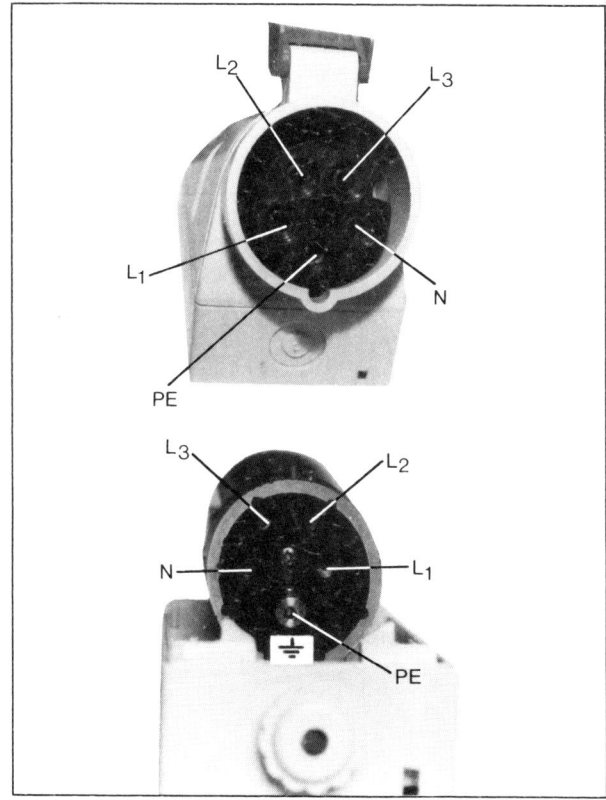

79
Die einzelnen Leiter haben festgelegte
Anschlußpositionen. Von der Anschluß-
seite aus sind die Klemmen beschriftet.

Einbau von Schaltern

Mit Schaltern innerhalb der Installation werden meist Lampen und Leuchten ein- und ausgeschaltet. Gelegentlich benutzt man auch Schalter, um Verbraucher wie Jalousie- oder Rolladenmotoren oder fest installierte Lüfter zu schalten. Die Schalter unterscheidet man nach Wirkungsweise und danach, wie man sie miteinander kombinieren kann.

Anschlußleitungen

Die Anschlußleitungen werden mit Klemmschrauben geklemmt oder wie im beschriebenen düwi-»Top Luxe«-Programm problemlos gesteckt. Dabei gilt auch für das Arbeiten an diesen Schaltern, daß man vor der Installation den Strom abschaltet und die Leitung auf Spannungsfreiheit überprüft. Danach isoliert man die Leitungsenden auf etwa

Abisolieren

12 mm ab und steckt sie in die entsprechenden Anschlußklemmen des Schalters. Sollten die Leitungen wieder gelöst werden müssen, so kann man beim düwi-»Top Luxe«-Programm einfach auf den Entriegelungsknopf drücken, um die Leitung aus der Klemme herauszuziehen. Moderne Schalter haben eine Markierung »P«, die anzeigt, daß an dieser Klemme die Phase – also der stromführende Leiter – anzuschließen ist. Im düwi-Programm ist dies unübersehbar in den Entriegelungsknopf über der Anschlußklemme eingeprägt, wobei diese Klemme als einzige auch zwei Drähte aufnehmen kann, damit der stromführende Leiter von hier aus zum nächsten Schalter oder zur nächsten Steckdose »geschleift« werden kann. Schalter sind bis

Schalterbelastung

10 Ampere belastbar, wobei Leiterquerschnitte mit 1,5 und 2,5 mm² angeschlossen werden können. Wie Steckdosen werden auch Schalter mit Spreizkrallen in den Einbaudosen befestigt. Nach dem Aufsetzen des ein- oder mehrteiligen Flächenrahmens drückt man das farbige Zwischenstück in den Schalter ein, wodurch der Rahmen exakt über dem Schalter lokalisiert und befestigt ist. Nun wird die Wippe eingerastet und der Strom über die Sicherung wieder eingeschaltet. düwi-»Top Luxe«-Schalter haben eine schraubenlose Abdeckung. Doch gibt es auch noch Schalter, deren Abdeckplatte mit einer oder auch mit zwei

Abdeckung

Schrauben von außen verschraubt sind.

Geschaltet wird stets der stromführende Leiter, weshalb es genügt, von der Verteilerdose aus zwei Adern zu verlegen. Sobald der Verbraucher jedoch von zwei unterschiedlichen Stellen aus geschaltet werden soll, kommt man um die Wechselschaltung nicht herum.

Aus-Wechsel-Schalter lassen sich als Ein-Aus-Schalter und als Wechselschalter verwenden. Der Schalter wird als Ausschalter eingesetzt, wenn ein Verbraucher nur von einer Stelle aus zu schalten ist.

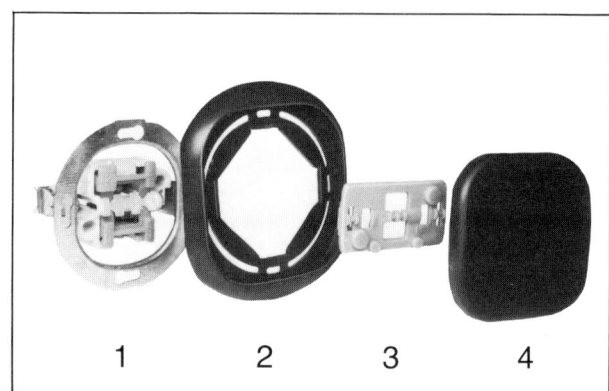

80
So wird ein düwi-»Top Luxe«-Schalter eingebaut:

1 *Schaltereinsatz montieren*
2 *Rahmen darüberhalten*
3 *Farbiges Zwischenstück eindrücken*
4 *Wippe einrasten*

81
Der hier im Einzelrahmen gezeigte Aus- und Wechselschalter läßt sich selbstverständlich auch mit den Mehrfachrahmen anderer Schalter oder Steckdosen kombinieren.

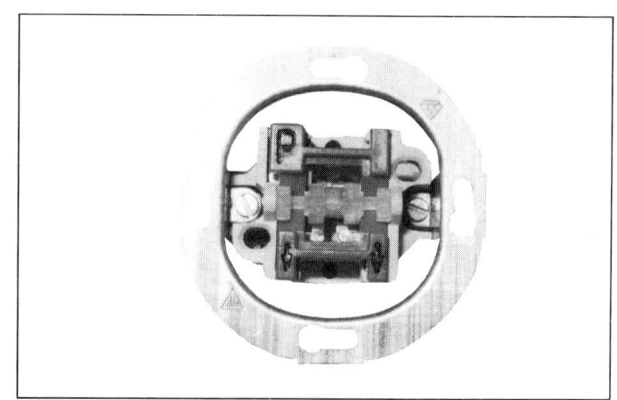

82
Die Anschlußklemme für den stromführenden Leiter »P« ist im düwi-Programm genau gekennzeichnet.

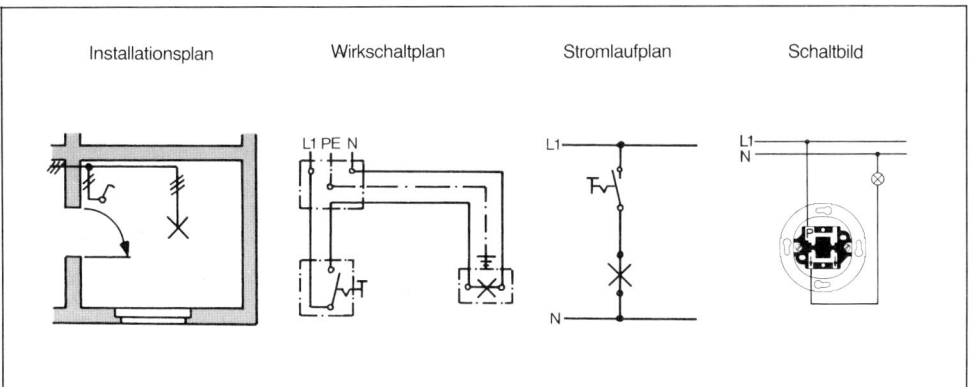

Installationsplan   Wirkschaltplan   Stromlaufplan   Schaltbild

Wechsel- und Serienschaltung

Schaltbilder

Bei der Wechselschaltung werden zwei Schalter an verschiedenen Stellen des Raumes installiert, um von diesen Stellen aus unabhängig vom anderen Schalter einen Verbraucher an- oder ausschalten zu können. Verlegt werden drei Adern von der Verteilerdose zu jedem Schalter, wobei zu beachten ist, daß das »P« des einen Schalters an Phase, also am stromführenden Leiter, angeschlossen wird. Das »P« des zweiten Schalters aber führt zum Verbraucher, beispielsweise zur Lampe, deren anderer Anschluß am Mittelleiter liegt.

Die jeweils zwei noch freien Anschlüsse an den Schaltern werden von Schalter zu Schalter verbunden. Ein Hinweis ist hier wichtig: Die Schaltbilder, die meist auf den Rückseiten der SB-Verpackungen solcher Schalter abgedruckt sind, können Verwirrung stiften. Zwar sind die Bilder fachlich korrekt, doch zeigen sie – wie im Beispiel der Wechselschaltung – nur die Verbindung der Schalter untereinander und berücksichtigen nicht, daß diese Schaltung nicht der Praxis entspricht. Denn die beiden Leiter, welche die Schalter untereinander verbinden, führen zu Verteilerdosen, weswegen je Schalter an sich drei Adern zu den Verteilerdosen zu verlegen sind. Der grün/gelbe Leiter darf aber wie beschrieben nur als Schutz- oder Nulleiter verwendet werden. Deswegen muß bei Wechselschaltungen ein vieradriges Kabel eingesetzt werden, das außer den grün/gelb, blau und schwarz ummantelten Leitern einen zusätzlichen Leiter mit brauner Ummantelung enthält.

Angeschlossen werden dann die blau, schwarz und braun

83 *(oben)*
Dies sind die Daten für einen als Ausschalter eingesetzten Aus- und Wechselschalter.

Wirkschaltplan

ummantelten Leiter. Um hier mehr Klarheit zu schaffen, ist für die Schaltertypen jeweils das Anschlußbild der SB-Packung, der zugehörige Stromlaufplan, der Wirkschaltplan und der Installationsschaltplan dargestellt.

Anhand des Wirkschaltplanes läßt sich dann sofort erkennen, wieviel angeschlossene Leiter von der Verteilerdose aus zu den Schaltern oder den Verbrauchern geführt werden müssen. Hinzu kommen dann die Adern, die infolge ihrer farblichen Isolation nicht verwendet werden dürfen.

Beide Zahlen addiert, ergibt die erforderliche Aderzahl pro Kabel.

Serienschalter

Serienschalter machen es möglich, zwei Verbraucher von einer Stelle aus zu schalten. Die beiden Verbraucher können dabei am gleichen Ort, oder an verschiedenen Stellen im Raum installiert sein. Sind sie an der gleichen Stelle installiert, so muß von der Verteilerdose aus zu den Lampen eine dreiadrige Leitung oder bei Lampen mit Schutzleiteranschluß eine vieradrige Leitung verlegt werden. Sind die Lampen jedoch räumlich getrennt untergebracht, so muß zwischen Verteilerdose und Lampe eine zweiadrige Leitung, beim Anschluß mit Schutzleiter eine dreiadrige Leitung verlegt werden.

Wechsel-Wechsel-Schalter

Wechsel-Wechsel-Schalter gleichen äußerlich den Serienschaltern und ermöglichen es, zwei Verbraucher von einer Stelle aus zu schalten, und zwar getrennt wie bei der Wechselschaltung.

Die beiden Verbraucher können dabei an der gleichen Stelle oder an verschiedenen Stellen im Raum installiert sein. Prinzip der Wechselschaltung ist, daß jeder Schalter unabhängig von der Stellung des jeweils anderen Schalters wirkt. Erforderlich werden deshalb entweder an zwei Stellen Wechsel-Wechsel-Schalter oder nur an einer Stelle Wechsel-Wechsel-Schalter und an einem zweiten und dritten Ort Einzel-Wechsel-Schalter.

Ausschalter

Schließlich ist es auch möglich, einen Wechsel-Wechsel-Schalter zu installieren, um dann eine Lampe in Wechselschaltung über einen zweiten Wechselschalter zu versorgen, während eine zweite Lampe nur aus- oder einzuschalten ist. In diesem Fall übernimmt der Wechselschalter nur die Funktion eines Ausschalters. Weil zwei Wechselschalter in einer Schalterdose untergebracht sind, ist von den Schaltern zu den Verteilerdosen hin eine sechsadrige Leitung zu verlegen.

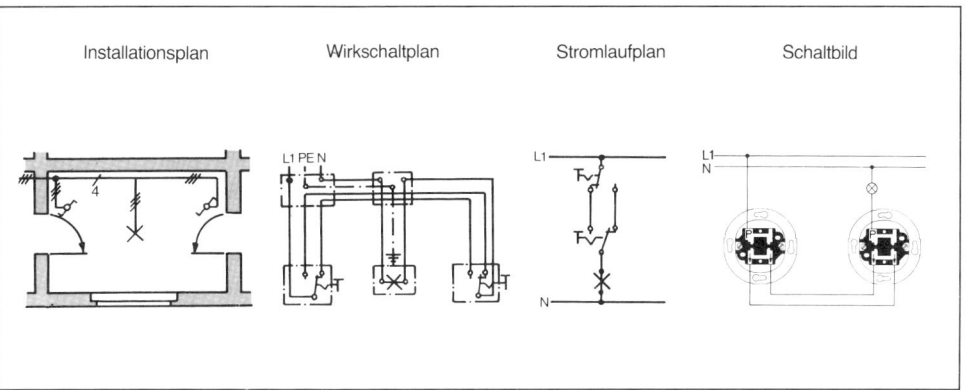

| Installationsplan | Wirkschaltplan | Stromlaufplan | Schaltbild |

84

In Wechselschaltung angeschlossene zwei Aus- und Wechselschalter.

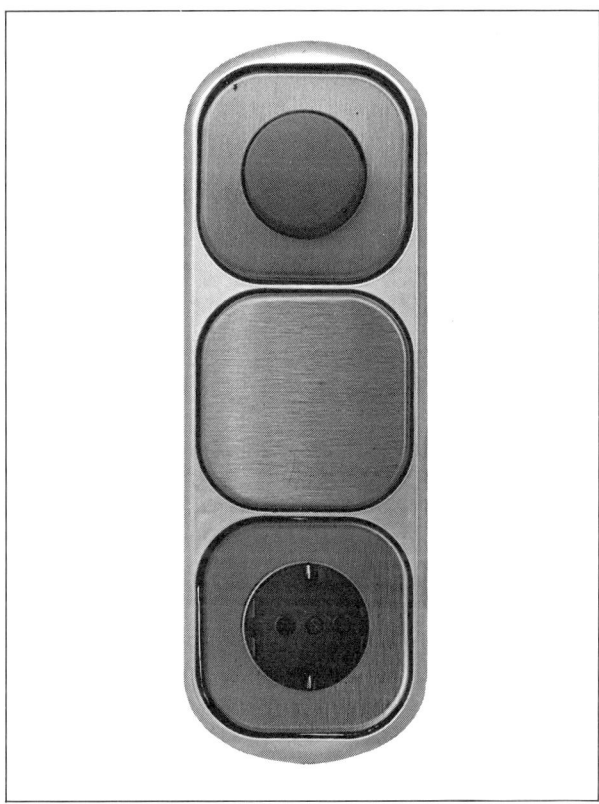

85

Eine düwi-»Top Luxe«-Kombination im modernen Design.

86
Mit einem Serienschalter kann man von der gleichen Stelle aus zwei Verbraucher schalten.

Kreuzschalter

Anzeigenschalter

Kreuzschalter können nur in Verbindung mit zwei Wechselschaltern verwendet werden. Sie werden erforderlich, wenn ein Verbraucher von mehr als zwei Stellen aus geschaltet werden soll. Derartige Schaltungen kommen häufig in Fluren vor, wo die Beleuchtung von jeder Zimmertür aus ein- oder ausgeschaltet werden kann. Sobald zwei Wechselschalter vorhanden sind, können ein oder mehrere Kreuzschalter eingebaut werden. Dabei muß von den Verteilerdosen aus zu jedem Kreuzschalter eine vieradrige Verbindung geschaffen werden. Zu den Wechselschaltern genügt dabei nach wie vor eine dreiadrige Verbindung.

Ausschalter mit Kontrollampe, auch Anzeigenschalter genannt, werden bei Toiletten, Bädern oder Abstellkammern verwendet und außerhalb des Raumes angebracht. Sie zeigen an, ob im Raum das Licht brennt. Dafür hat der Schalter eine auswechselbare Glimmlampe, die man durch die Schalterabdeckung hindurch erkennen kann. Die Glimmlampe brennt, wenn die Beleuchtung eingeschaltet ist.

Damit auch die Glimmlampe selbst Strom erhält, wird neben dem stromführenden Leiter, der zum Schalter führt, auch der Mittelleiter gebraucht. Folglich führt ein dreiadriges Kabel von der Verteilerdose zum Schalter: die Stromzuführung, die Verbindungsleitung vom Schalter zur Lampe und der Mittelleiteranschluß zur Glimmlampe.

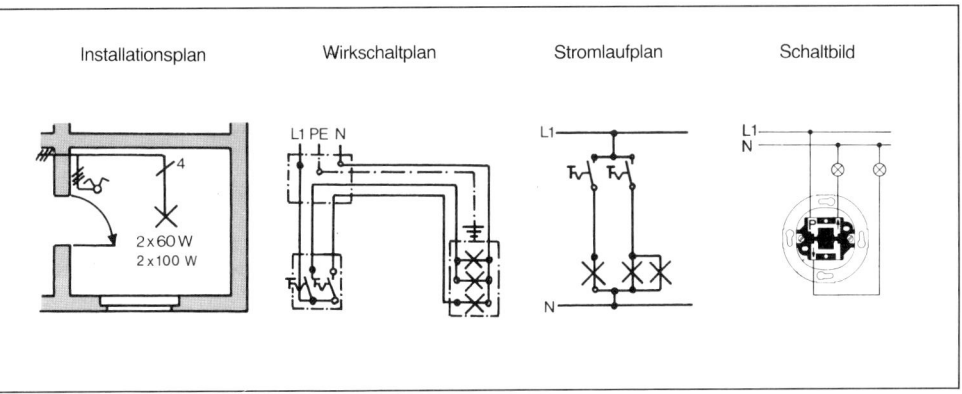

87

*Diese Serienschaltung schaltet zwei
Verbraucher, die an der gleichen Stelle
untergebracht sind.*

88

*Mit dieser Serienschaltung werden an
unterschiedlichen Stellen zwei installierte Verbraucher geschaltet.*

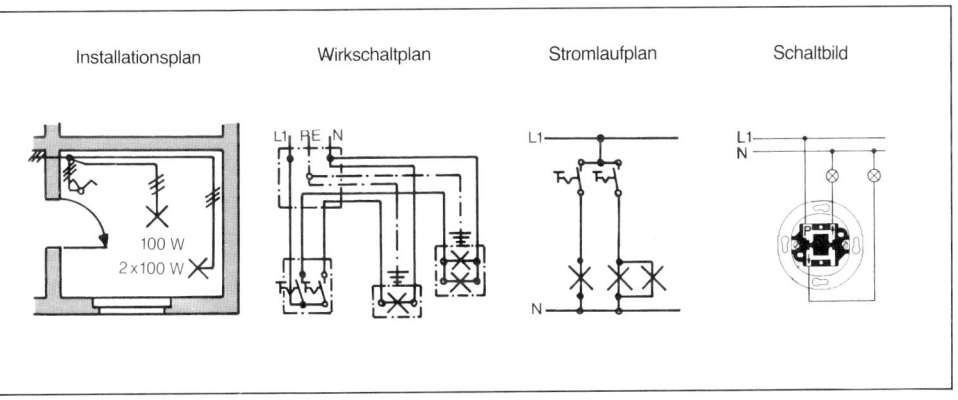

89 a *(Seite 101, links oben)*
Der Wechsel-Wechsel-Schalter (1 + 2) schaltet die beiden Verbraucher von einer Stelle aus oder ein, wobei mit einem zweiten Wechsel-Wechsel-Schalter (3 + 4) die Wechselschalter-funktion von einer zweiten Stelle aus gegeben werden kann.

89 b *(Seite 101, Mitte)*
Der Wechsel-Wechsel-Schalter (1 + 2) schaltet von einer Stelle aus die beiden Verbraucher in Wechselschaltung zu zwei Wechselschaltern (3 + 4), die an unterschiedlichen Stellen installiert sind.

89 c *(Seite 101, rechts oben)*
Der Wechsel-Wechsel-Schalter (1 + 2) steht an einer Stelle. Dabei schaltet Wechselschalter 1 zusammen mit Wechselschalter 3 einen Verbraucher, wogegen der Wechselschalter 2, aus der Kombination Wechselschalter 1 + 2, lediglich als Ausschalter angeschlossen ist und von einer Stelle aus den zweiten Verbraucher schaltet.

90
Anschluß eines Kreuzschalters in Verbindung mit Wechselschaltern

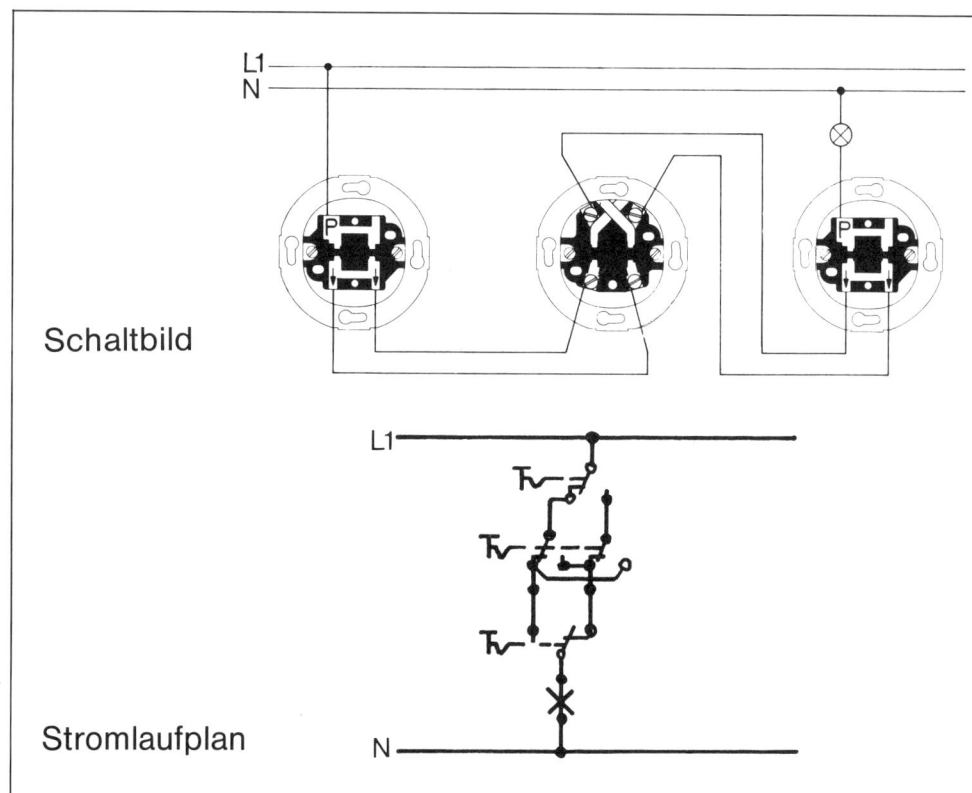

Schaltbild

Stromlaufplan

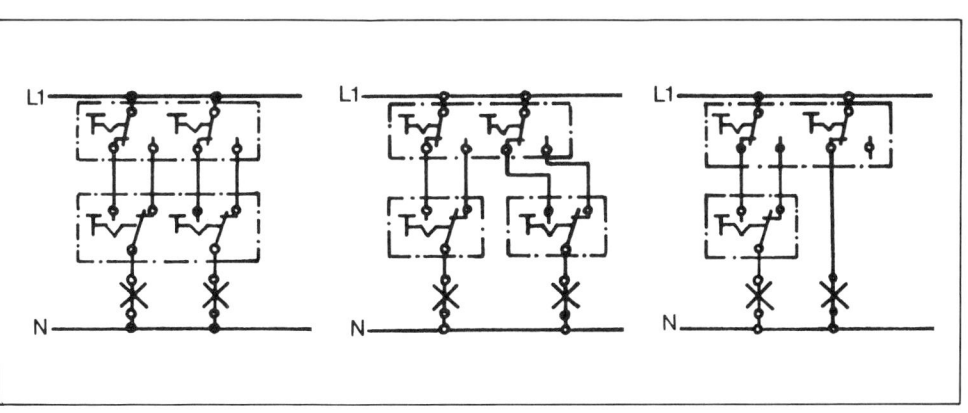

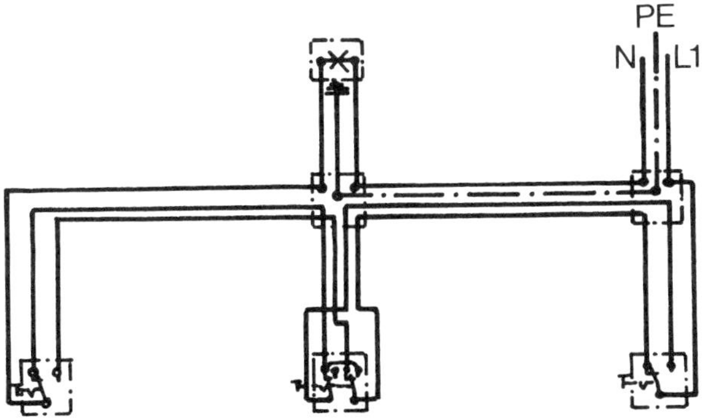

Wirkschaltplan

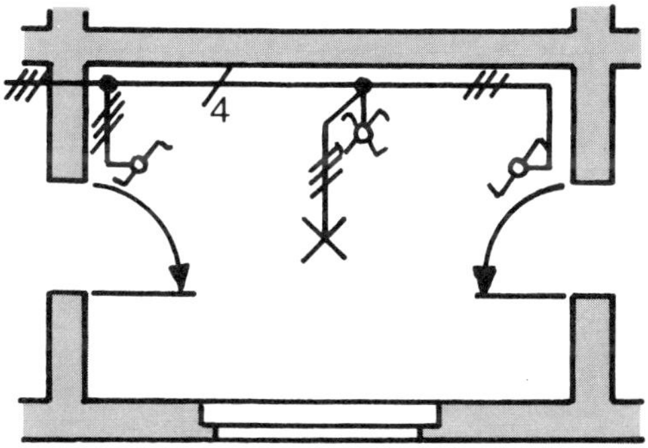

Installationsplan

91
Ausschalter mit Kontrollampe im
»Top Luxe«-Programm.

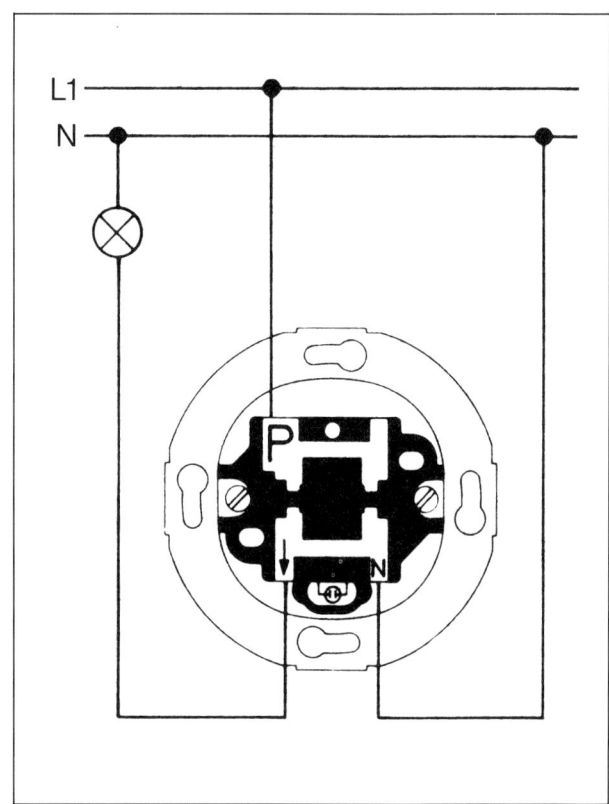

92
Schaltbild eines Ausschalters mit Kon-
trollampe.

Taster und Fernschalter

Symbole

Stromstoßschalter

Relais

Schaltung von mehreren Stellen aus

Mikro-Fernschalter

Tastschalter, auch Taster genannt, gibt es im düwi-Programm als Schließer. Darunter versteht man einen Schalter, der auf Tastendruck einen Stromkreis schließt. Tastschalter setzt man beispielsweise für die Türklingel, den elektrischen Türöffner oder zum Schalten von Lampen ein, dann allerdings in Verbindung mit Stromstoßschaltern, die im düwi-Programm Mikrofernschalter heißen. Ihre Funktion wird noch erläutert.

Der Verkaufspackung des Tastschalters liegen drei Abziehbilder bei, mit denen auf der Wippe des Tasters das Symbol für Türöffner, Beleuchtung oder Klingel angebracht werden kann. Bei Fernschaltern unterscheidet man Relais und Stromstoßschalter. Relais geben solange Kontakt, wie an der Relaisspule Spannung liegt. Sobald die Spannung abfällt, öffnet sich auch der Relaiskontakt. Stromstoßschalter bleiben dagegen in ihrer Schaltstellung, bis ein Spannungsimpuls diese Stellung verändert. Für die Kombination mit Tastschaltern eignen sich Stromstoßschalter deshalb, weil ein kurzer Impuls, der beim Antippen des Schalters entsteht, schon ausreicht, um die Kontakte zu öffnen oder zu schließen. Derartige Schalter ersetzen Wechsel- und Kreuzschalter, wenn Lampen von mehreren Stellen aus geschaltet werden sollen. Man braucht dann nur an den entsprechenden Stellen die Tastschalter und einen Fernschalter einzubauen. Im düwi-Programm gibt es dafür den Mikro-Fernschalter zum Einbau in Unterputzverteilungen, aufgeklemmt auf Normschienen oder aber zur Montage in Schaltschränken und in Unterputzschalterdosen.

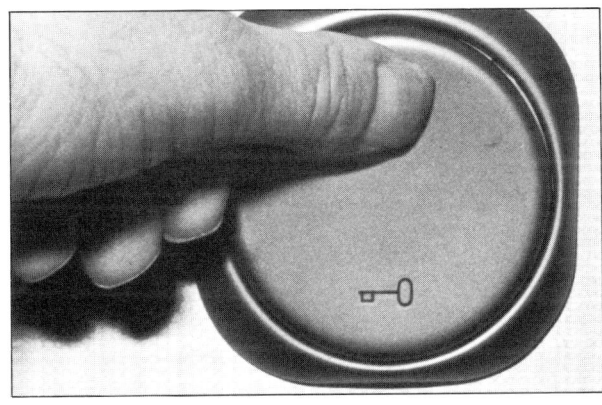

93
Dieser Tastschalter kann als Schließer eingesetzt werden.

Beim Anschluß ist zu beachten, daß ein solcher Fernschalter an zwei Klemmen mit stromführenden Leitern verbunden sein muß. Denn einerseits erhält die Magnetspule den Schaltstrom von den Tastschaltern, sobald der Mittelleiteranschluß verbunden wird, zum anderen verläuft ein stromführender Leiter zu einer Klemme des Fernschalters. Von einer weiteren Klemme aus wird die Lampe versorgt. Der Strom fließt dann, wenn die Kontakte geschlossen sind. Der Mittelleiter wird nicht über solche Kontakte geführt, denn ein Schalten über den Mittelleiter ist grundsätzlich verboten.

Schließer, Wechsler Stromstoßschalter gibt es mit einem Schließer, mit einem Wechsler oder auch mit mehreren Schließern oder Wechslern. Ist ein Schließer vorhanden, so läßt sich mit jedem Impuls die angeschlossene Lampe an- oder ausschalten. Mit einem Wechsler kann sogar beim Einschalten des einen Verbrauchers zugleich ein zweiter aus- oder eingeschaltet werden. Die Fernschalter können auch mit Impulsen aus einer Kleinspannung als Steuerspannung betrieben werden. Diese Spannung läßt sich am Klingeltransformator auf der Sekundärseite abnehmen. Taster, die nur Kleinspannung führen, bedeuten mehr Sicherheit, beispielsweise in feuchten Räumen, Badezimmern, Waschküchen oder für Schaltstellen im Freien zum Schalten der Außenbeleuchtungen von der Gartentür aus.

Wie zuvor beschrieben, können Steckdosen, Schalter, Taster und Dimmer je nach den Erfordernissen kombiniert und mit gemeinsamen Mehrfachabdeckplatten verschlossen werden.

Telefon-, Kabelanschluß Für den ortsfesten Telefonanschluß oder für Kabelanschlüsse liefert düwi dazu ein Flächenzentralstück (Nr. 0461). Mit einer Mittel-Schraube paßt dieses Zentralstück in die Gewindebohrung der eingebauten Telefon-, Antennen- oder Gerätedosen.

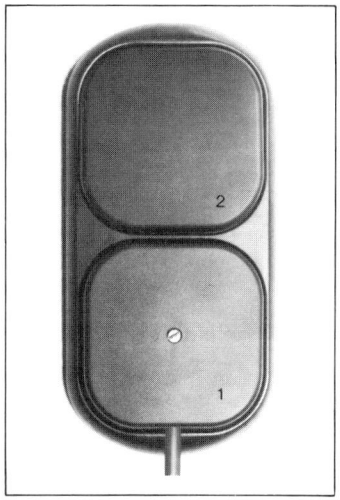

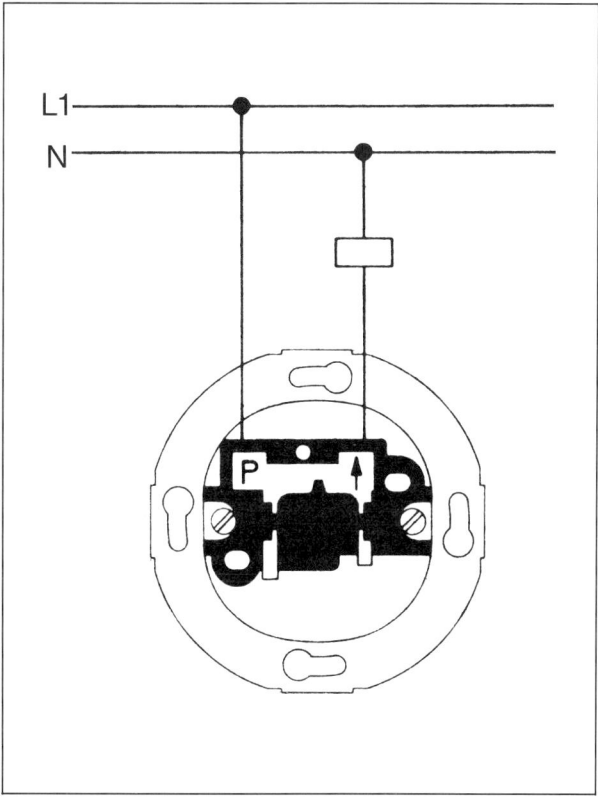

94

Mit einem Flächenzentralstück, hier in Kombination mit einem Schalter, wird ein ortsfester Anschluß von Telefon-, Antennen- oder anderen Gerätezuleitungen hergestellt.

1 Flächenzentralstück
2 Wechselschalter

95

Das ist das Schaltbild des Tastschalters.

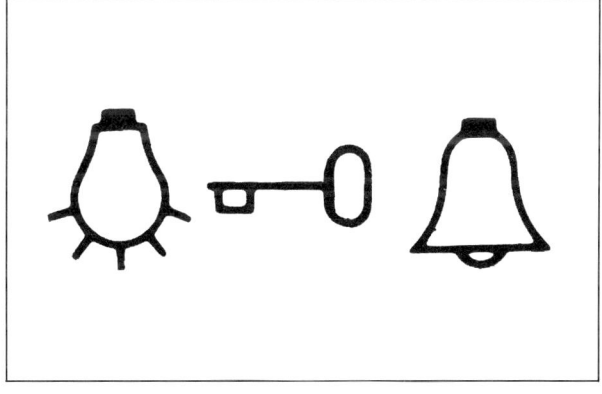

96

Den Tastschaltern liegen diese drei Abziehbilder bei. Sie können wahlweise für Beleuchtung, Türöffner oder Klingel auf die Wippe des Tastschalters geklebt werden.

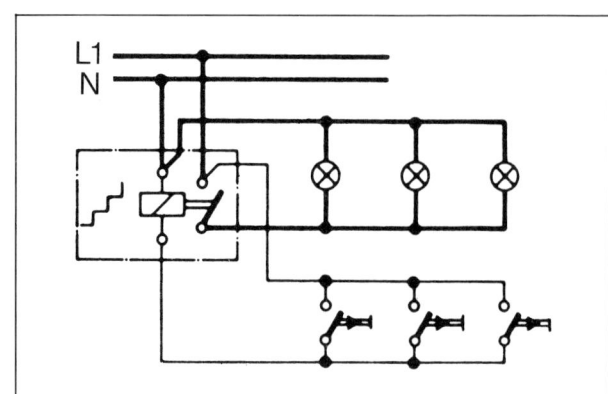

97
Bei Verwendung eines Fernschalters lassen sich von beliebig vielen Stellen aus Leuchten betätigen, die man ein- und ausschalten will. Als Betätigungsspannung liegt Netzspannung an.

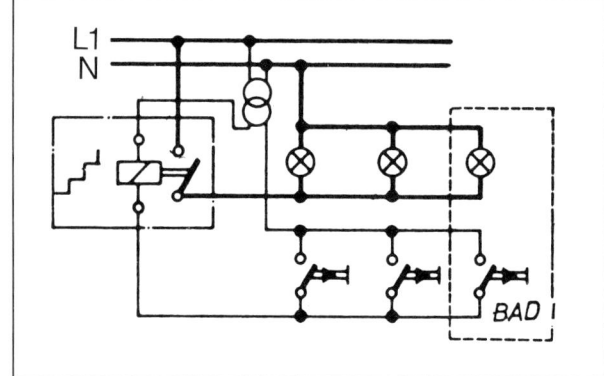

98
Für die Betätigung eines Fernschalters durch Kleinspannung gilt dieses Schaltbild. Einsatzfälle hierfür sind besonders Feuchträume wie Bäder und Duschen.

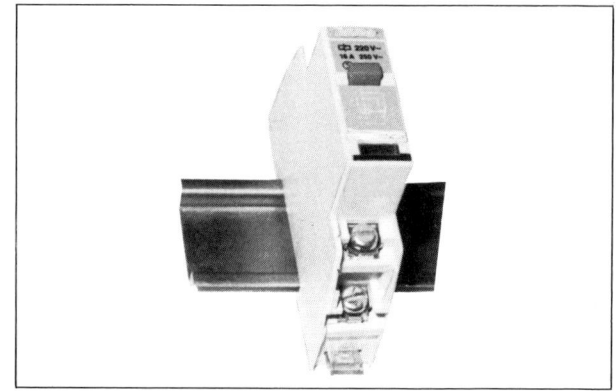

99
Ein auf einer Normschiene aufgeklemmter Mikro-Fernschalter. Mit ihm lassen sich Wechsel- und Kreuzschalter ersetzen.

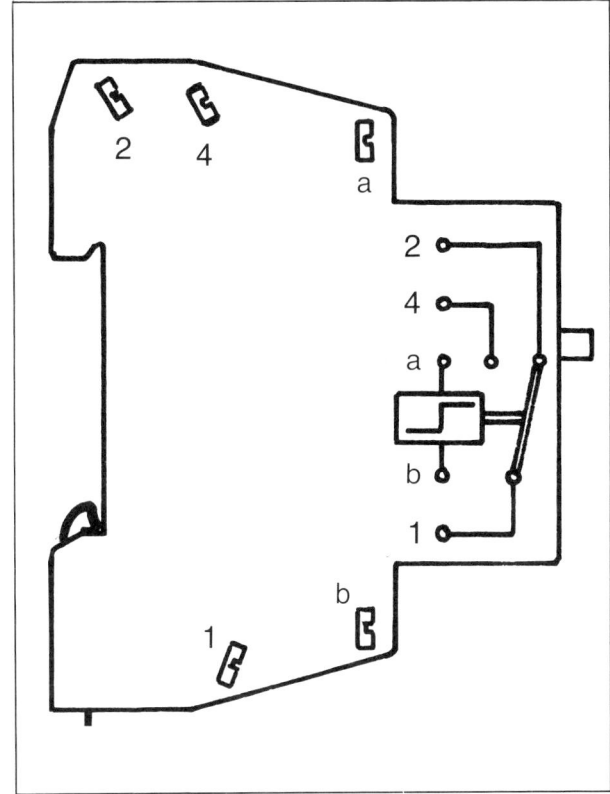

100
*An den Klemmen a und b des Mikro-
fernschalters wird die Betätigungsspannung angelegt. Über die Klemmen
1 und 2 oder 1 und 4 ist danach der
Verbraucher zu schalten.*

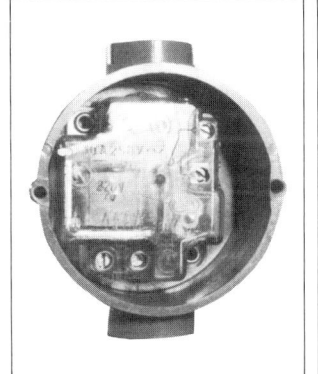

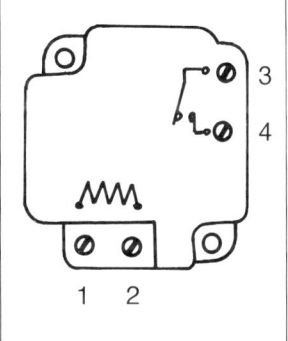

101 a *(links)*
*In einer Schaltereinbaudose läßt sich
dieser Mikro-Fernschalter installieren.*

101 b *(rechts)*
*Die Betätigungsspannung liegt an den
Klemmen 1 und 2 an. Über die Klemmen 3 und 4 wird der Verbraucher
geschaltet.*

Schalten und Dimmen, auch fernbedient

Helligkeitsregler, im allgemeinen Dimmer genannt, bietet düwi in drei Versionen an. Es handelt sich dabei um Drehregler, Sensor-Dimmer sowie um Sensor-Dimmer zur Infrarot-Fernbedienung. Je nach Ausführung eignen sie sich zur Regelung von Glühlampen und Linestraröhren von 60 bis 300 oder 500 Watt Gesamtleistung. Die Dimmer passen in normale Schalterdosen mit 55 mm Durchmesser und können grundsätzlich anstelle normaler Aus- oder Wechselschalter verwendet werden.

Um den Helligkeits-Drehregler zu installieren, zieht man den Drehknopf ab und schraubt die Abdeckplatte lose. Die Leitungsenden werden auf etwa 6 mm abisoliert und je nach Schaltungsart des Helligkeitsreglers angeschlossen. Der stromführende Leiter wird dabei stets an der Klemme »P« angeschlossen. Mit Spreizkrallen wird der Regler in der Einbaudose befestigt und dann mit einem Einfach- oder Mehrfachrahmen abgedeckt. Danach schraubt man die Abdeckung auf den Helligkeitsregler-Einsatz auf, die den Rahmen hält. Zum Schluß wird der Drehknopf auf die Achse aufgesteckt. Direkt über den Klemmen des Einsatzes ist eine Feinsicherung »1,6 A mittelträge« (bei 500 Watt »2 A träge«) eingesteckt.

Feinsicherung

Sollte der Helligkeitsregler seinen Dienst versagen, so überprüft man zuerst die eingebaute Feinsicherung und ersetzt sie gegebenenfalls durch eine neue. Vorher schaltet man den Strom ab und überprüft die Leitung auf Spannungsfreiheit. Nach dem Abziehen des Drehknopfes vom Helligkeitsregler und dem Abschrauben der Abdeckplatte kann die Feinsicherung durch Herausziehen des Sicherungshalters nach vorn entnommen werden. Mit Hilfe der

Widerstandsmessung

auf Seite 133 beschriebenen Widerstandsmessung kann man diese Sicherung auf Durchgang prüfen. Wenn die neue Sicherung eingesetzt, Abdeckplatte und Drehknopf wieder befestigt sind, stellt sich heraus, ob der Helligkeitsregler wieder funktioniert. Ist dies nicht der Fall, so bleibt nur, einen neuen Regler einzubauen.

102
Mit dieser Sicherung wird der Dimmer abgesichert.

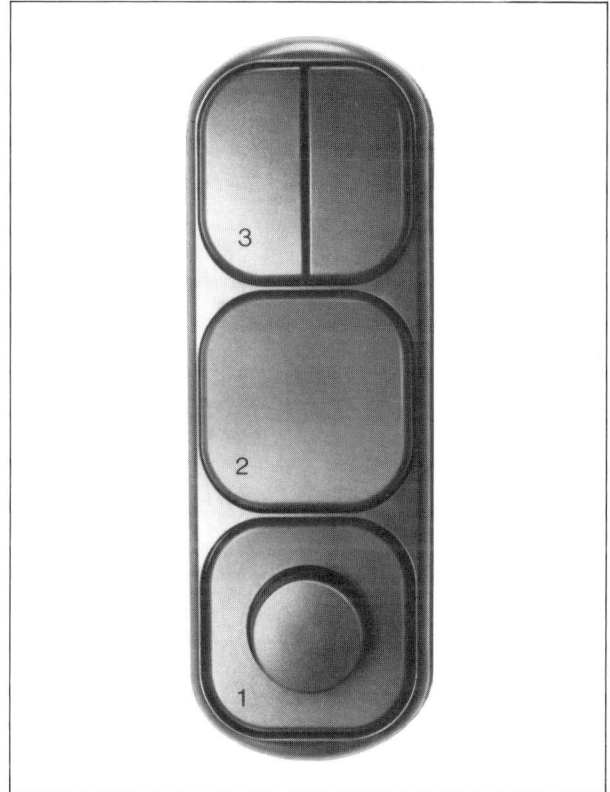

103
Mit diesem Dimmer können Glühlampen von 60 bis 300 oder 500 Watt aus- bzw. eingeschaltet werden.
Auch ihre Helligkeit kann geregelt werden.

1 Dimmer
2 Aus-/Wechselschalter
3 Serienschalter

104 a *(links)*
*Mit einem Schraubendreher wird die
Wipptaste des Sensor-Dimmers ent-
fernt.*

104 b *(rechts)*
*Um einen Sensor-Dimmer in der Schal-
terdose zu befestigen muß die vordere
Funktionsplatte gelöst werden.*

105 *(unten)*
*Im Bild wird gezeigt wie der Dimmer
mit der jeweiligen Schaltung angeschlossen werden muß.*

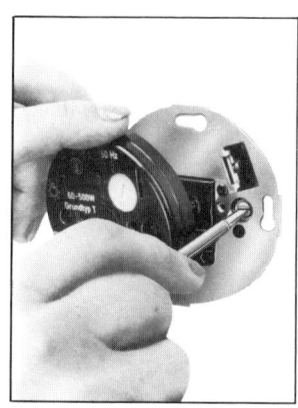

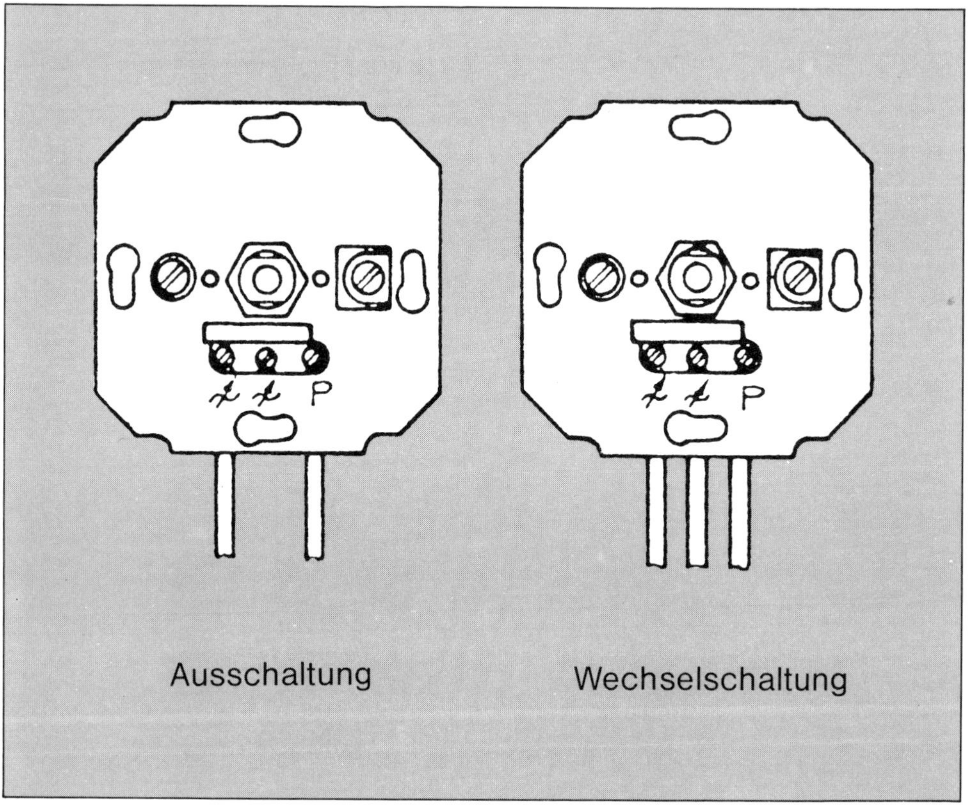

Ausschaltung   Wechselschaltung

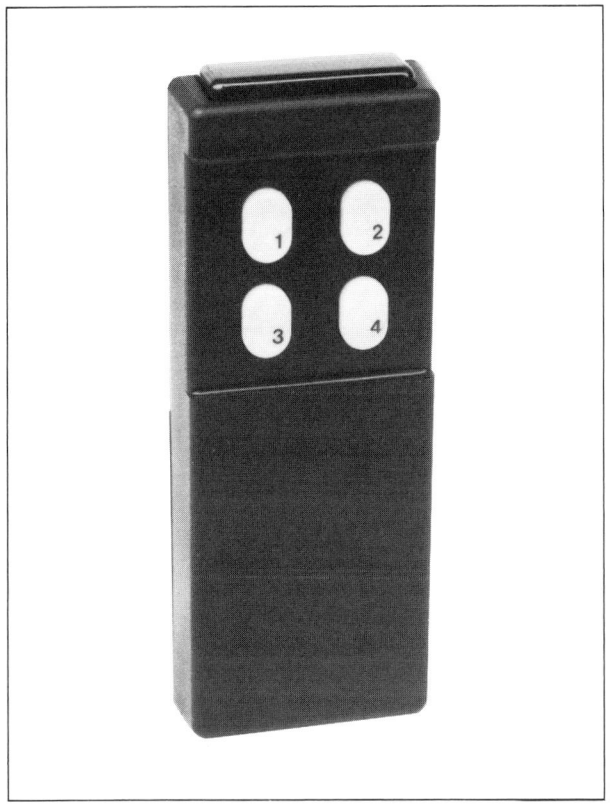

106
Mit diesem 4-Kanal-Infrarot-Handsender können die fernzuschaltenden Sensor-Dimmer angesteuert werden.

Sensor-Dimmer

Zur Montage eines Sensor-Dimmers entternt man zunächst die Wipptaste mit einem Schraubendreher und verdrahtet nach dem Anschlußschema. Um den Dimmer in der Schalterdose zu befestigen, muß die vordere Funktionsplatte gelöst werden. Hierzu entfernt man die beiden Senkschrauben, löst die Platte und achtet darauf, daß die feinen Verbindungsdrähte nicht abgerissen werden. Nach dem Montieren in umgekehrter Reihenfolge – dann wenn die Wipptaste wieder aufgedrückt ist – ist der Sensor-Dimmer als Ausschalter funktionsbereit. Wird der Sensor-Dimmer in Wechsel- oder Kreuzschaltungen eingebaut, so müssen alle weiteren Schalter dieses Stromkreises durch Tastschalter ersetzt werden. Zu beachten ist dabei, daß der Dimmer in die Schalterdose eingebaut wird, in der sich der

Wechsel-, Kreuzschaltung

Draht zur Lampe befindet. Dies ist gegebenenfalls durch das Prüfen auf Durchgang festzustellen. Fehlt der Lampendraht in der geeigneten Dose, so muß nachinstalliert werden.

Durch kurzzeitiges Betätigen der Tastwippe am Sensor-Dimmer oder am Tastschalter wird der Stromkreis ein- oder ausgeschaltet, wobei die zuvor eingestellte Helligkeit auch nach dem Ausschalten gespeichert bleibt. Ein ständiges Nachregeln entfällt somit. Bei längerem Niederdrücken einer Tastwippe tritt die Dimmerfunktion »Hell-Dunkel«, bzw. »Dunkel-Hell« ein.

Infrarot-Fernbedienung

Eine interessante Weiterentwicklung ist der Sensor-Dimmer mit Infrarot-Fernbedienung. Er kann von Hand und mittels eines Infrarot-Fernbedienungssenders drahtlos bedient werden, und dies ohne Gefahr, selbst von der Badewanne aus. Ankommende Infrarotsignale werden vom Empfängerauge im Dimmer erkannt und lösen die gewünschte Schalt- oder Regelfunktion aus. Vor Inbetriebnahme müssen zunächst Sender und Empfänger aufeinander abgestimmt werden. Hierzu öffnet man die Abdeckung des Infrarot-Sensor-Dimmers mit einem Schraubendreher und stellt die Kanalwählscheibe auf den gewünschten Schaltkanal ein. Der gleiche Kanal wird auch beim Infrarot-Sender eingestellt. Bei Verwendung eines 4-Kanal-Handsenders ist nur der Empfängerkanal am Dimmer einzustellen.

Sicherungen

Auch in den Sensor-Dimmern sind Sicherungen eingebaut. Sie sollten, wie beim Helligkeits-Drehregler, dann zuerst überprüft werden, wenn Störungen vorliegen.

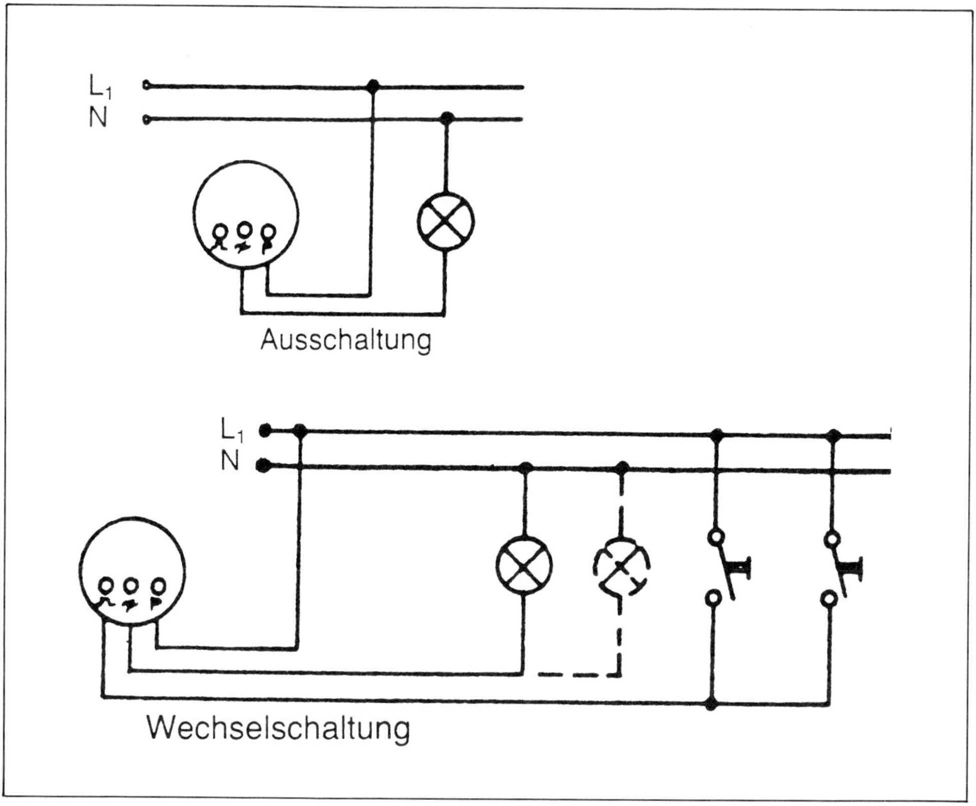

L1
N
Ausschaltung
L1
N
Wechselschaltung

107
Sensor-Dimmer können als Aus- und Wechselschalter eingesetzt werden. Bei Wechselschaltung kann man eine beliebige Anzahl Tastschalter anschließen.

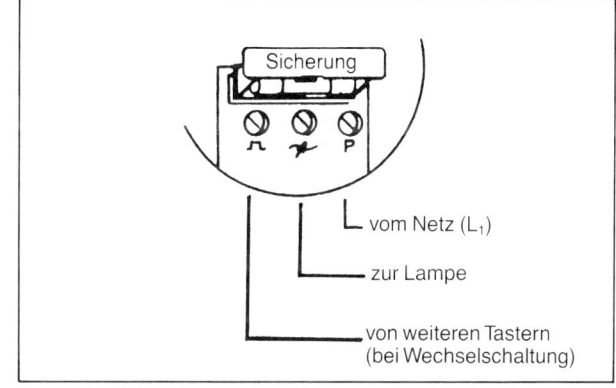

Sicherung
P
vom Netz (L1)
zur Lampe
von weiteren Tastern
(bei Wechselschaltung)

108
Dies ist das Anschlußschema eines Sensor-Dimmers.

Empfänger

Als Empfänger stehen neben den Sensor-Dimmern Relais-empfänger oder Dimmerempfänger, Baldachin-Dimmer-empfänger, Dimmerempfänger mit Zwischenstecker und Deckenrosetten-Dimmerempfänger für Installationen bzw. im Putz zur Verfügung. Am Empfänger läßt sich die Lampe auch manuell einschalten, damit sich ihre Funktion über-prüfen läßt. Dimmerempfänger, die zwischen 60 und 300 Watt – beim Deckenrosetten-Dimmerempfänger bis 500 Watt – vermitteln können, stehen ausschließlich für den Lampenanschluß zur Verfügung. Der Relaisempfänger kann maximal 1200 Watt übermitteln und somit Verbrau-cher mit einer Aufnahmeleistung bis zu 1,2 kW versorgen. Auf diese Weise können TV- und Rundfunkanlagen, aber auch Leuchtstoffröhren oder Heizstrahler geschaltet wer-den. Die Anschlußschemata zeigen, wie solche Anschlüs-se ausgeführt werden müssen.

Anschlüsse

Infrarot-Empfänger können in den Stromkreis eines vor-handenen Lichtnetzes integriert werden. Die Schaltung kann jedoch nur dann funktionieren, wenn die Netzspan-nung voll anliegt. Aus diesem Grund muß der bisher im Stromkreis vorhandene Schalter entweder stets einge-schaltet oder außer Betrieb gesetzt und überbrückt werden.

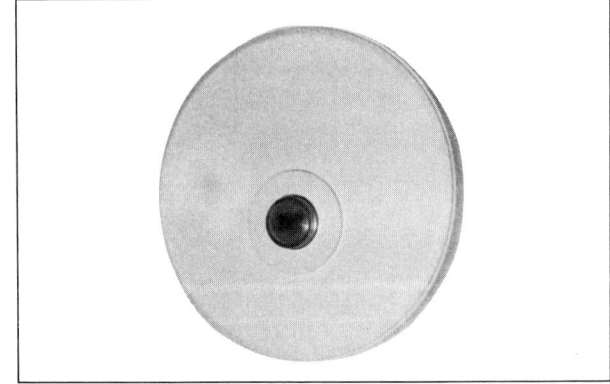

109
Von diesem Unterputz- beziehungs-weise Imputzrelaisempfänger gibt es zwei Ausführungen. Es können damit Leuchten und andere elektrische Ver-braucher geschaltet werden.

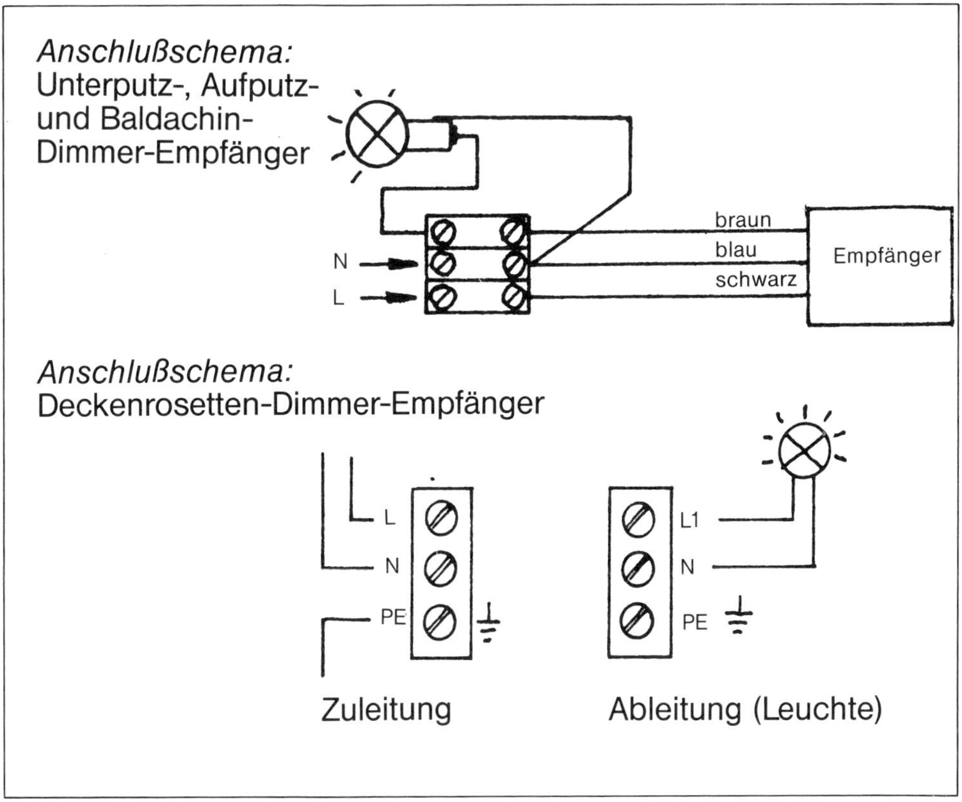

Anschlußschema:
Unterputz-, Aufputz- und Baldachin- Dimmer-Empfänger

braun
blau   Empfänger
schwarz

N →
L →

Anschlußschema:
Deckenrosetten-Dimmer-Empfänger

L
N
PE

L1
N
PE

Zuleitung   Ableitung (Leuchte)

110
Das Schema einer angeschlossenen Infrarot-Fernschaltung.

111
Hier eine fernzuschaltende und fernzu- dimmende Deckenrosette, die man zwischen Decke und dem verbleiben- den Baldachin der Lampe installieren kann. Dies ist besonders dann wichtig, wenn der Baldachin an der Lampe nicht einfach gegen einen fernzuschal- tenden Baldachin auszutauschen ist.

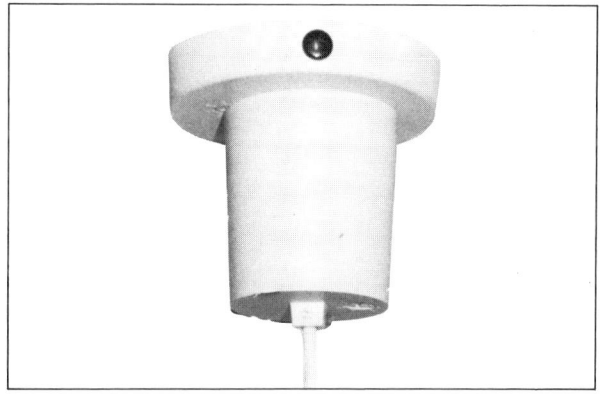

Dämmerungsschalter

Dämmerungsschalter werden eingesetzt, wenn bei eintretender Dämmerung Lampen aufleuchten oder sich beispielsweise Tore öffnen sollen.
Ein solcher Schalter reagiert, wenn die einfallende Lichtmenge unter 10 Lux absinkt. Wichtig ist bei der Installation, die lichtempfindliche Stirnfläche des Dämmerungsschalters so auszurichten, daß nur Tageslicht einfällt.
Fremde Lichtquellen, beispielsweise Straßenbeleuchtung, oder die Strahlung der zu steuernden Lichtquelle selbst würden sonst das Abschalten verursachen. Kurze Lichtimpulse dagegen beeinflussen den Dämmerungsschalter nicht, weil er eine Eigenverzögerung besitzt.

Spritzwasserschutz

Der im Bild 112 gezeigte Dämmerungsschalter ist für die feste Montage in feuchten Räumen oder im Freien konzipiert und deswegen in spritzwassergeschützter Ausführung gebaut. Er darf nur nach Abschalten des Stromkreises durch Herausschrauben oder Abschalten der Sicherung angeschlossen werden.
Die Anschlußleitung ist dreiadrig und muß entsprechend Bild 113 angeschlossen werden.

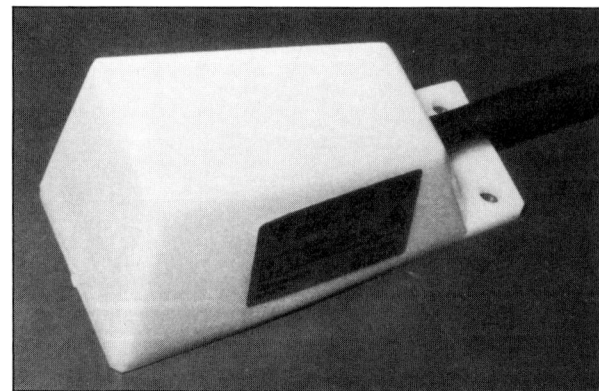

112
Mit einem Dämmerungsschalter lassen sich bei abnehmender Helligkeit automatisch Lampen einschalten oder Tore öffnen.

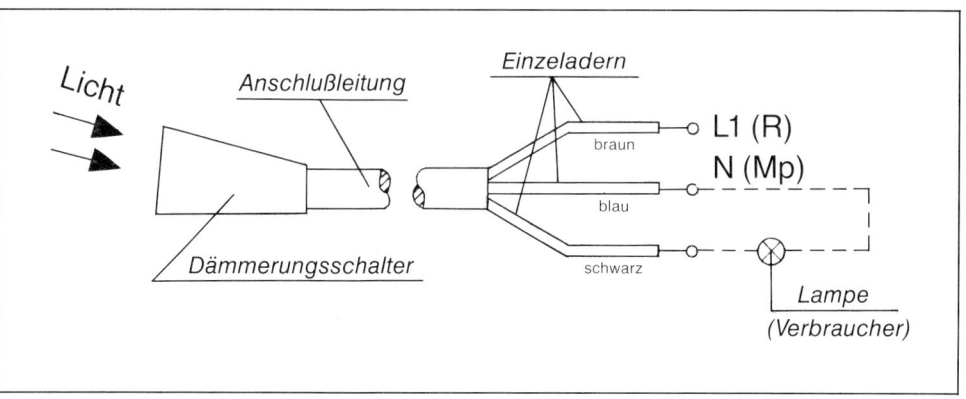

113
*Das ist das Anschlußbild eines Däm-
merungsschalters.*

Gefahr am Nachttisch

Elektrische Geräte mit flexiblen Anschlußleitungen werden oft über Zwischenschalter ein- und ausgeschaltet, die zwischen Stecker und Verbraucher im Anschlußkabel installiert sind.

Bei Lampen und vor allem bei Nachttischlampen finden sich solche Schalter, wobei leider oft genug Schaltertypen verwendet werden, bei denen sich die Kabel wegen mangelnder Zugentlastung sehr schnell aus dem Schalter herausziehen können. Dies bedeutet Lebensgefahr.

Zugentlastung

Hat man eine Lampe mit einem solchen Schalter gerade erst gekauft, sollte man sie ungeniert in das Geschäft zurückbringen. Bei später auftretenden Defekten empfiehlt es sich, die Kosten nicht zu scheuen und vernünftige Schalter zu installieren.

Derartige Schalter sind im düwi-Programm mit Druckschalter oder mit Wippschalter zu haben. Beide Schalter haben eine exakte Zugentlastung, ermöglichen problemlos das Anschließen der Adern in Klemmen, auch fehlen Anschlußklemmen für den Schutzleiter nicht, der zwischen Stecker und Lampe vorhanden sein kann.

Das Beispiel der Schalter an Nachttischlampen steht hier stellvertretend für zahlreiche andere. Die Grundregel, die daraus folgt:

Kein Provisorium dulden!

Im Umgang mit Strom und Stromverbrauchern sollte man kein Provisorium dulden. Leider geben Fachleute nicht immer das beste Beispiel ab. Darum sind Sie als Heimwerker aufgerufen, schlechten Beispielen in keinem Fall zu folgen!

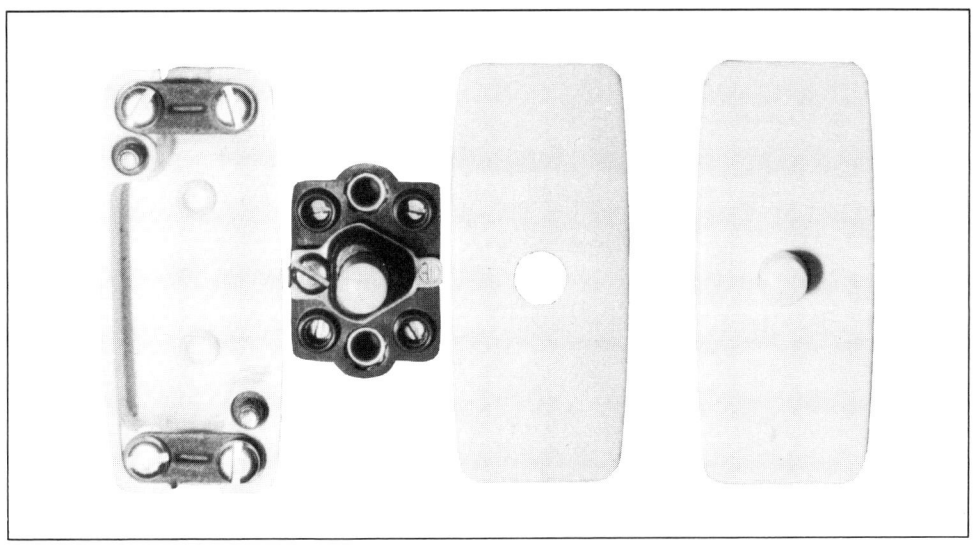

114
*Dieser düwi-Druckschalter hat eine
ordentliche Zugentlastung und gestat-
tet das exakte Anschließen der Adern.*

115 *(unten)*
*Wer lieber einen Wippschalter einsetzt,
findet in diesem Typ die richtige Ausführung.*

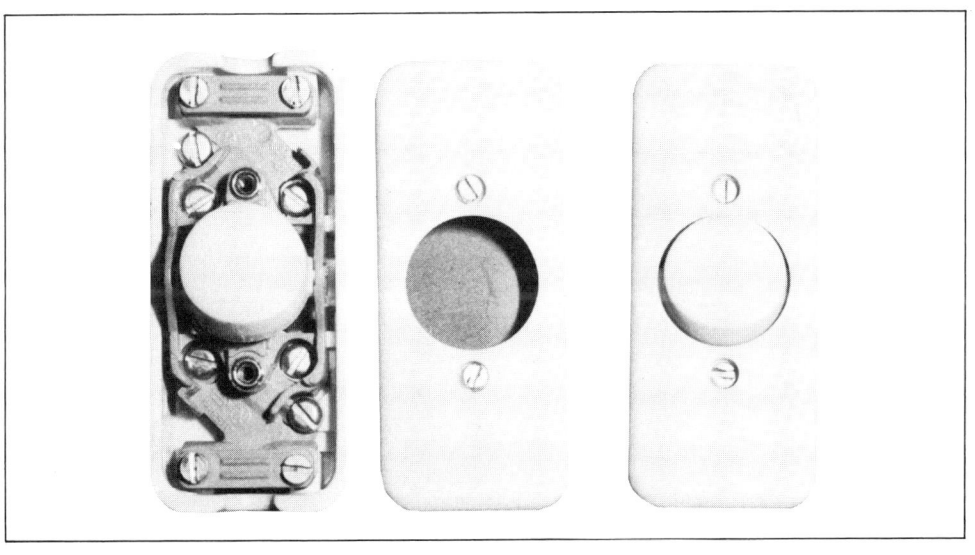

Strom im Freien

Stromanschlüsse in Feuchträumen, im Garten, auf der Terrasse, auf dem Balkon und in der Garage müssen den Anforderungen der Feuchtrauminstallation entsprechen. Schalter, Verteilerdosen und Steckdosen sind daher wassergeschützt ausgeführt. Die Abzweigdosen sind üblicherweise mit einem vierpoligen Klemmstein ausgerüstet. Er ist in der in Bild 117 gezeigten düwi-Dose halbiert. Durch Aufstecken auf die Nocken im Kastengehäuse gilt der Klemmstein als in der Lage fixiert. Das Kastengehäuse wird mit zwei Schrauben am Untergrund befestigt. Danach stößt man die Einkerbungen im Kastengehäuse an den gewünschten Einführungsstellen aus, entmantelt die Leitungen und führt sie so weit ein, daß die Mantelisolation durch die Einführungsstellen nach innen hineinragt und an den Kerben abdichtet. Die Einzelleiter werden auf 7 bis 10 mm Länge abisoliert und im Klemmblock entsprechend angeschlossen. Nach dem Aufdrücken und Aufschnappen des Deckels ist die Feuchtraumabzweigdose installiert.

Wassergeschützte
Schutzkontaktsteckdosen
und Schalter

Die Schutzkontaktsteckdose in wassergeschützter Ausführung und der wassergeschützte Schalter sind in entsprechend abgedichteten Gehäusen untergebracht. Um ein solches Gerät zu installieren, befestigt man das Gehäuseunterteil, schaltet über die Sicherung den Strom ab und überprüft die Leitung auf Spannungsfreiheit. Am erforderlichen Dichtnippel schneidet man die vorstehende Warze ab und isoliert die Mantelleitung NYM beispielsweise bei der Steckdose auf etwa 80 mm ab. Diese Leitung führt man so weit in den Dichtnippel ein, daß die Mantelisolation vom Dichtnippel umschlossen wird. Die Einzeladern werden auf rund 10 mm abisoliert und an den Anschlußklemmen angeschlossen.

Anschluß

Innen sieht diese Steckdose der normalen Steckdose ähnlich, weshalb auf den Anschluß nicht näher eingegangen werden soll. Lesen Sie bitte auf Seite 81 für Steckdosen und auf Seite 94 für Schalter die Einzelheiten nach, damit keine Anschlußfehler entstehen. Die Gehäuseabdeckung wird aufgeschraubt, wobei auf eine einwandfreie Abdichtung zu achten ist. Nach dem Einschalten des Stroms über die Sicherung prüft man die Installation entsprechend nach.

Garten- und
Terrassenanschlüsse

Für die Installation im Garten und auf der Terrasse bietet der Fachhandel »Energiesäulen« an, in denen Steckdosen und oft auch Schalter untergebracht sind. Diese Säulen werden

»Energiesäulen«

Fernschalter mit Taster

auf festen Böden aus Beton oder Platten aufgeschraubt oder im Erdreich einbetoniert.

Die Steckdosen sind nützlich, um den Strom für den Rasenmäher oder die Heckenschere zu liefern, wobei zu empfehlen ist, aus Sicherheitsgründen solche Steckdosen vom Keller oder überhaupt vom Haus aus schaltbar zu machen, damit sie nur dann Strom abgeben können, wenn das gewünscht wird.

Schalter in den Energiesäulen, am Haus (Feuchtraumschalter) oder im Haus werden oft benutzt, um Lampen im Garten, im Eingangsweg oder an der Hofeinfahrt zu schalten. Solche Lampen sind ebenfalls in Feuchtraumausführung im Handel. Sie fügen sich geschmackvoll und harmonisch in die entsprechende Umgebung ein.

Für Außenbeleuchtungen eignen sich Fernschalter, wobei die mit Kleinspannung versorgten Taster mehr Sicherheit bieten.

116
Ein wassergeschützter Schalter wird in dieser Reihenfolge von 1 bis 4 zusammengebaut.

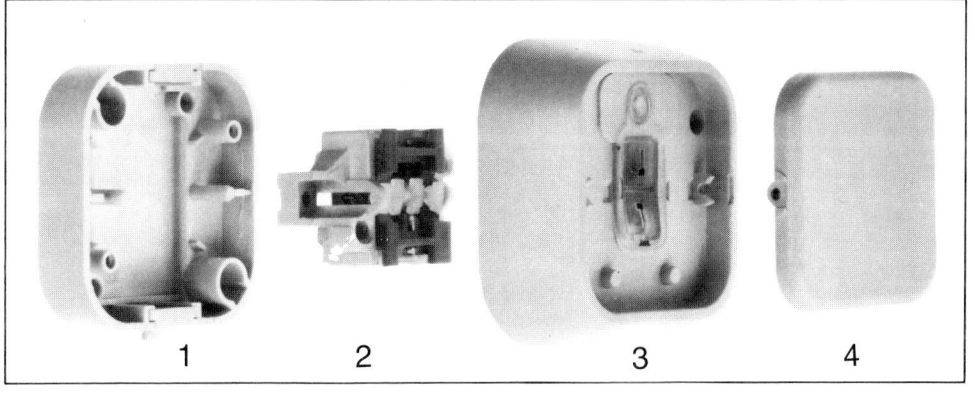

1   2   3   4

117
Eine montierte Abzweigdose innerhalb der Feuchtrauminstallation.

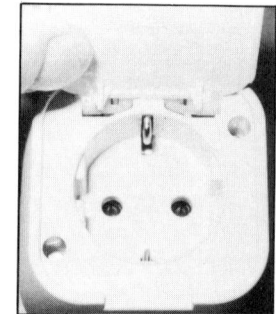

118
Eine wassergeschützte Schutzkontakt-steckdose ist immer mit einem Deckel verschlossen.

119
Beim Programmieren der Zeitschaltuhr ist es wichtig, daß jeder Schaltschieber beim Herausziehen hörbar einrastet.

Die Zeitschaltuhr

Die elektromechanische Zeitschaltuhr Commander paßt in jede Schutzkontaktsteckdose. Der ortsveränderliche Verbraucher, der automatisch ein- oder ausgeschaltet werden soll, wird mit seinem Schutzkontakt- oder mit einem Europastecker in der Schutzkontaktsteckdose der Zeitschaltuhr angeschlossen. Auf diese Weise läßt sich vorbestimmen, der Beginn der Kaffee-Kochzeit, der Zeitpunkt der Stehlampen-Beleuchtung, und dies, obwohl die Bewohner außer Haus sind, oder das Einschalten einer selbständigen Tonbandgerätaufnahme. Nicht zu vergessen ist die Möglichkeit des unregelmäßigen Schaltens von Beleuchtung oder Radio in Haus oder Wohnung, während Sie im Urlaub sind. Wenn Sie dann auch noch die Zeitung abbestellen, werden Einbrecher nicht gleich auf Ihre Abwesenheit aufmerksam.

Tagesprogrammierung

In zwei Ausführungen, mit einem Tagesprogramm oder Wochenprogramm, ist diese Schaltuhr lieferbar. Beim Tagesprogramm lassen sich 96 Schaltmöglichkeiten an den dafür vorhandenen unverlierbaren Schaltschiebern einprogrammieren. Der kleinste Schaltabstand zum Ein- oder Ausschalten beträgt 15 Minuten.

Wochenprogrammierung

Mit ebenfalls 96 Schaltmöglichkeiten ist die Schaltuhr mit Wochenprogramm ausgestattet. Der kleinste Schaltabstand ist 1¾ Stunden = 105 Minuten. Das Wochenprogramm läuft 168 Stunden, also 7 x 24 Stunden. Danach wiederholt sich der einprogrammierte Schaltablauf.

Anhand der aufgedruckten Pfeilrichtung wird das Programmierrad im Uhrzeigersinn nach rechts gedreht, bis das aufgedruckte Markierungsdreieck mit der tatsächlichen Tageszeit und beim Wochenprogramm zusätzlich mit dem derzeitigen Wochentag übereinstimmt.

Wird danach noch der angeschlossene Verbraucher eingeschaltet, so absolviert der Mini-Roboter mit Namen Commander pflichtbewußt und exakt sein eingegebenes Programm. Angeschlossen werden kann jeder Verbraucher, der auch an jeder Schutzkontaktsteckdose anschließbar ist. Das Typenschild zeigt 16 (4) A 250 V. Danach übertragen die Schaltkontakte Ohmsche Last bis 16 A. Induktive Last,

Belastbarkeit

beispielsweise reine Elektromotoren können dagegen nur bis 4 A betrieben werden. Ein Heizlüfter mit 2-kW-Leistung aber folgt problemlos, obwohl ein Lüftermotor eingebaut ist. Seine Leistung ist gering im Gegensatz zur Heizleistung mit Ohmscher Last.

Elektrische Verbraucher

Ortsfest oder veränderlich

Ortsfest installierte Verbraucher wie Lampen, Spots, Lichtschienen, Stableuchten, Leuchtstoffröhren, aber auch elektrische Kochherde sind anders angeschlossen als ortsveränderliche Verbraucher wie beispielsweise Heizöfen und Strahler, Waschmaschinen, Geschirrspüler, Kühlschränke und Gefriertruhen, aber auch Stehlampen: Ortsveränderliche Verbraucher haben Stecker, auf die bei ortsfesten Verbrauchern verzichtet werden kann.

Beim Verlegen von Leitungen sollte man bereits an den Standort der Geräte denken und die entsprechenden Stromauslässe planen. Dies erspart Nachinstallationen ebenso wie zusätzliche Baldachine an Lampen oder wirr verlaufende Verlängerungsschnüre. Dabei genügt für den Anschluß von Lampen meist der stromführende Leiter und der Mittelleiter, bei Metallkonstruktionen kann der Schutzleiter hinzukommen. Wer Leitungen neu verlegt, sollte darum bis zum Wand- oder Deckenauslaß vorsorglich den Schutzleiter mitverlegen.

Klingeln und Gegensprechanlagen

Die Klingel im Haus ist das akustische Signal, mit dem sich ein Besucher ankündigen kann, und zwar zu jeder Tages- und Nachtzeit. Deshalb ist es erwünscht, die Klingel abstellen zu können. Dafür sind Schalter im Handel. Weil die Klingel grundsätzlich mit Kleinspannung betrieben wird, ist der Aufbau dieses Ausschalters einfacher als bei Ausschaltern im 220-Volt-Netz. Der Klingelausschalter liegt über Putz und wird mit zwei Schrauben am Untergrund befestigt.

120 a *(rechts)*
Rechts am montierten Baldachin war der ursprüngliche Lampenanschluß.

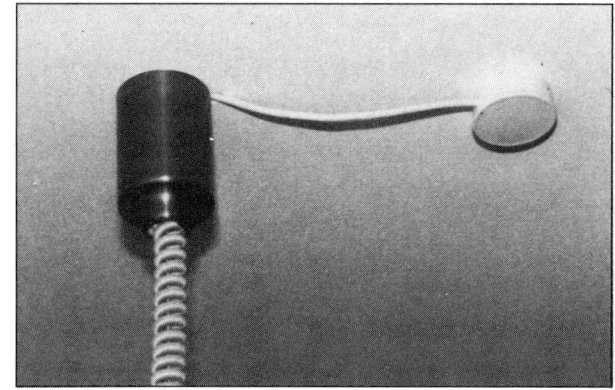

120 b *(unten)*
Innerhalb des Lampenbaldachins wird der im Bild links gezeigte Block montiert.

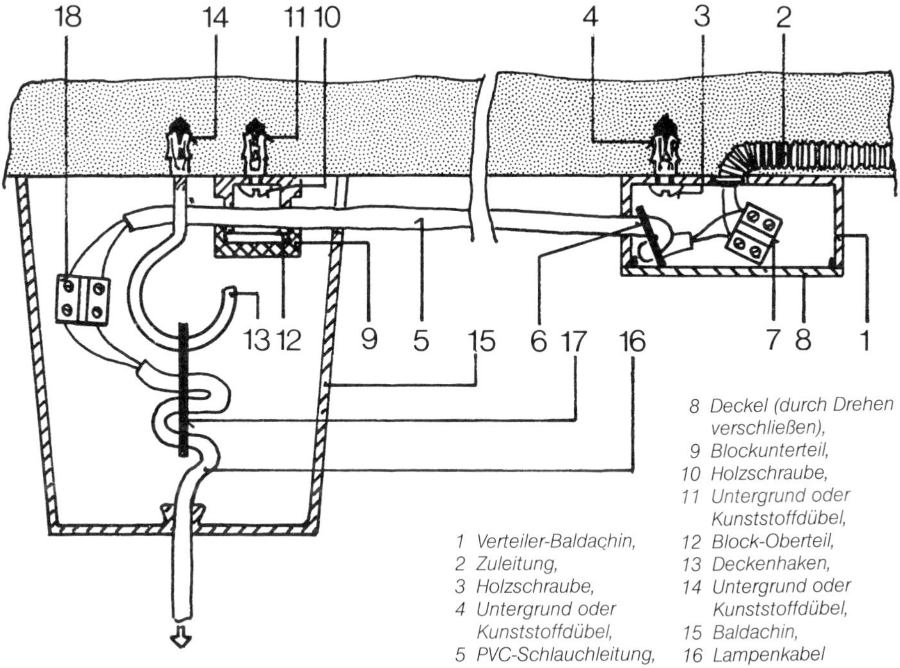

1 Verteiler-Baldachin,
2 Zuleitung,
3 Holzschraube,
4 Untergrund oder
  Kunststoffdübel,
5 PVC-Schlauchleitung,
6 Zugentlastung,
7 Lüsterklemme,

8 Deckel (durch Drehen
  verschließen),
9 Blockunterteil,
10 Holzschraube,
11 Untergrund oder
   Kunststoffdübel,
12 Block-Oberteil,
13 Deckenhaken,
14 Untergrund oder
   Kunststoffdübel,
15 Baldachin,
16 Lampenkabel,
17 Zugentlastung,
18 Lüsterklemme

Anschluß

Vom Taster zur Klingel und vom Transformator zur Klingel verlaufen jeweils zwei Leitungen. An geeigneter Stelle durchschneidet man eine dieser Leitungen und klemmt die beiden offenen Enden in den Kontaktschrauben des Schalters fest. Sobald der Bedienhebel des Schalters einen roten Punkt im Schaltergehäuse freigibt, ist die Klingelleitung auf Bereitschaft geschaltet. Zum Abschalten muß der Bedienhebel nur soweit verschoben werden, daß der rote Punkt verdeckt ist.

Die Gegensprechanlage

Wenn es geläutet hat, möchte man gern wissen, wer vor der Tür steht, ehe man den Taster des elektrischen Türöffners betätigt. Ein Türspion zum Hindurchschauen in der Etagentür hilft in manchen Fällen weiter. Praktischer ist eine Gegensprechanlage zwischen Wohnung und Haustür. Wer zur Miete wohnt, wird sie nicht ohne weiteres selbst installieren können.

Standort

Für das Einfamilienhaus empfiehlt sich der »Einfamilienhaus-Set 221 TSUP« von Grothe, der aus Hausstation und Netzgerät für die Wohnung und aus einer Unterputz-Torstation besteht. Die Hausstation wird mit zwei Schrauben an einer Wand befestigt. Wo der geeignete Platz ist, muß reiflich überlegt werden. Meist wird die Nähe zur Haustür gewünscht. Ich selbst habe die Hausstation am Bett installiert, weil ich bei nächtlichem Klingeln wissen möchte, ob sich angetrunkene Fußgänger oder später Besuch bemerkbar macht. Der Druck auf die Ruftaste der Torstation löst an der Hausstation einen Summer aus. Durch das Abnehmen des Handhörers der Hausstation wird die Sprechverbindung hergestellt. Mit der eingebauten Türöffnertaste kann der elektrische Türöffner von der Hausstation aus bedient werden. Die Unterputz-Torstation besitzt eine silber-eloxierte Frontplatte, in die eine Ruftaste und ein beleuchtbares Namensschild eingearbeitet sind. Mit einem Spezialschlüssel werden die vier Schrauben geöffnet und verschlossen, mit denen die Frontplatte am Gerät angeschraubt wurde. Dies bietet Schutz gegen unbefugtes Öffnen.

Anwendung

Netzgerät

Das kurzschlußfeste Netzgerät für Schalttafeleinbau oder Aufputz-Montage versorgt Hausstation und Torstation mit Spannung.

Die Verständigung mit diesen Anlagen ist rausch- und knisterfrei und rundum als sehr gut zu bezeichnen.

Automatik-Anlage

Eine andere interessante Variante bietet die Wechsel-sprech-Automatik-Anlage 250 von Grothe. Anstelle eines Handhörers für die Hausstation besitzt das klein bemessene Gerät eine Sprechtaste für den wechselseitigen Sprechbetrieb von und zur Torstation. Soll die Tür geöffnet werden, so wird die Türöffnertaste betätigt. Der Türöffner bleibt nach Loslassen der Öffnertaste noch vier Sekunden in Funktion. Die Anlage 250 ermöglicht den geheimen Sprechverkehr zwischen der Torstation und den einzelnen Hausstationen. Eine Unterbrechung oder Störung der bestehenden Sprechverbindung durch Tastendruck an einer anderen Hausstation ist nicht möglich.

Lautstärke

Die automatische Verstärkungsregelung gewährleistet eine von der Sprachlautstärke unabhängige gleichmäßige Wiedergabe. Je nach Ausführung und Anschlußart sind Zusatzfunktionen möglich.

Parallelbetrieb

Bei Verwendung der Sprechanlage 253P können innerhalb einer Wohnung zwei oder mehr Hausstationen im Parallelbetrieb mit einer Torstation betrieben werden.

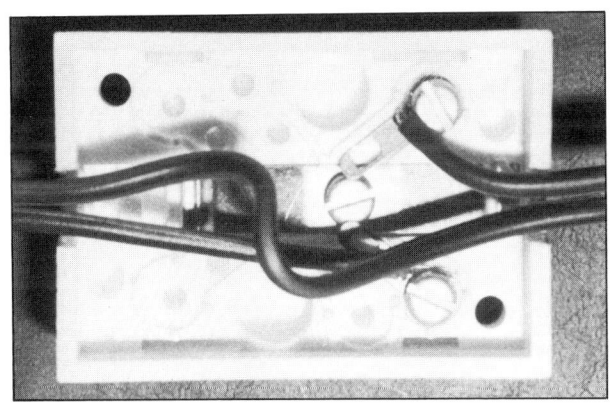

121
An den beiden Kontakten wird je eine Phase der Klingelleitung angeschlossen, nachdem sie aufgetrennt wurde.

122 a *(rechts)*
Mit einem Transformator wird die Netz-
spannung der Klingelanlage auf Klein-
spannung niedertransformiert.

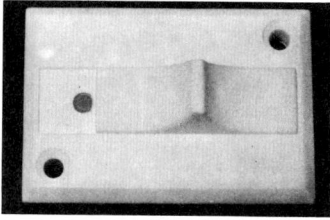

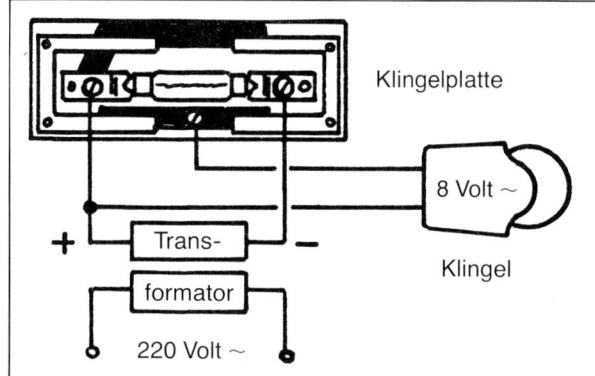

Klingelplatte

8 Volt ~

Klingel

Trans-

formator

220 Volt ~

122 b *(oben)*
Durch das Verschieben des Bedien-
hebels kann die Klingel außer Funktion
gesetzt werden.

123 *(rechts)*
Die Hausstation ist mit einem Telefon-
hörer ausgestattet.

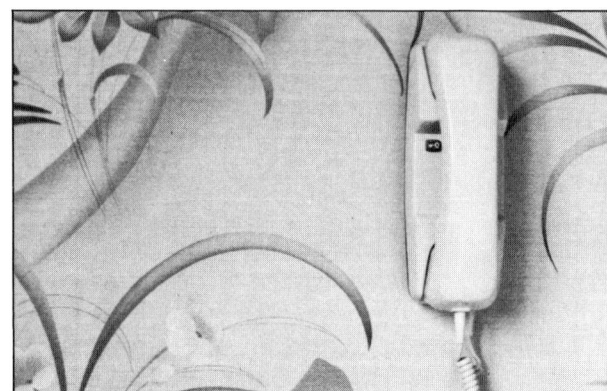

124
Dieser Trafo versorgt die Gegen-
sprechanlage mit Spannung.

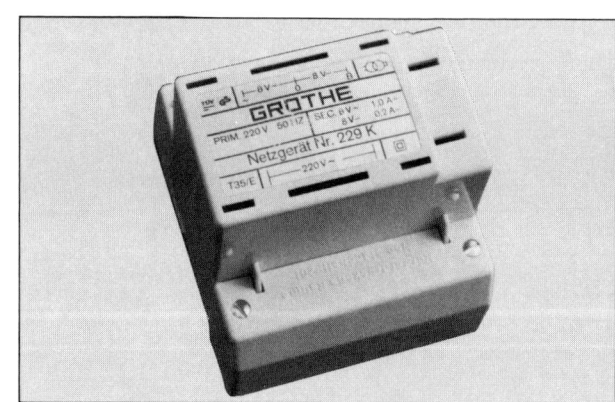

125
Das ist die Unterputz-Torstation der Gegensprechanlage.

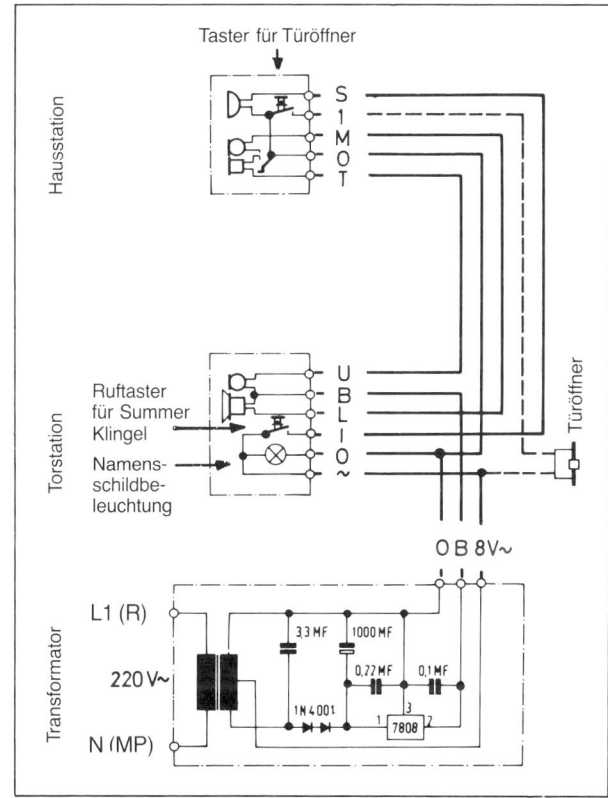

126
Nach diesem Schaltbild werden die Komponenten der Gegensprechanlage 221 TSUP miteinander verbunden.

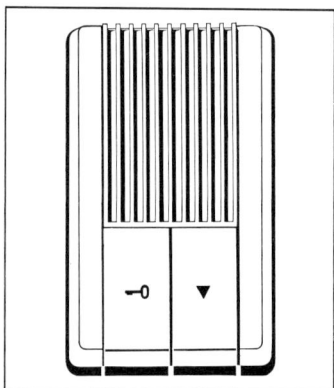

127
*Nur 80 x 130 mm, bei einer Tiefe von
30 mm, mißt die Hausstation der
Wechselsprech-Automatik-Anlage.*

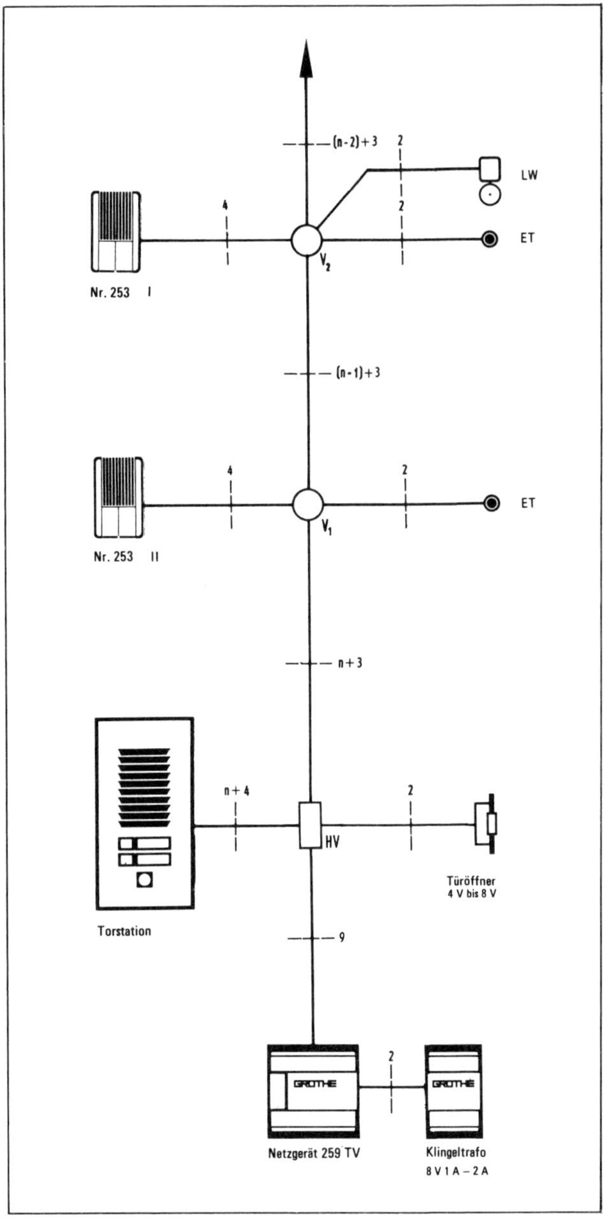

128
*Der Übersichtsplan zeigt den Anschluß
einer Automatik-Anlage mit Etagenruf.
Dabei bedeutet
n   = Anzahl der Hausstationen,
LW = Klingel oder Gong,
ET = Etagentaste.*

129 *(s. S. 131)*
*Der Stromlaufplan zeigt den Anschluß
der Automatik-Anlage mit Etagenruf.*

Nr. 253   I

V_2

$(n-2)+3$ 2

2

LW

ET

$(n-1)+3$

Nr. 253   II

V_1

4

2

ET

$n+3$

Torstation

$n+4$

HV

2

Türöffner
4 V bis 8 V

9

GROTHE

GROTHE

2

Netzgerät 259 TV

Klingeltrafo
8 V 1 A – 2 A

Stromlaufplan

Die Hausstation Nr. 253
(I) wird von der Torstation aus über einen getrennt montierten Wechselstromsignalgeber (LW)
– z. B. Klingel oder Gong angerufen.
Bei Anruf von der Etagentür aus wird der in der Station Nr. 253 eingebaute Summer angeschaltet (Rufunterscheidung).
Die rote Drahtbrücke auf der Leiterplatte in der Hausstation Nr. 253 muß aufgetrennt werden.

Die Hausstation Nr. 253
(II) wird von der Torstation und von der Etagentür (ET) aus über den eingebauten Summer angerufen.

Die Anschaltung der Signalgeber siehe Seite 9.

In der Torstation wird das Mikrofon gegen den Vorverstärker 290 V ausgetauscht. Siehe Bild auf Seite 8.
Die Anschlußklemmen 4, 5 und 6 werden mit den entsprechenden Klemmen des Netzgerätes 259 TV verbunden.
Die beiden weißen Leitungen (mit Kabelschuh) vom 290 V kommen an L und B vom Lautsprecher. Klemme U wird nicht belegt.

Das Netzgerät 259 TV darf nur über die 8 V ~ Wicklung des Klingeltrafos eingespeist werden.

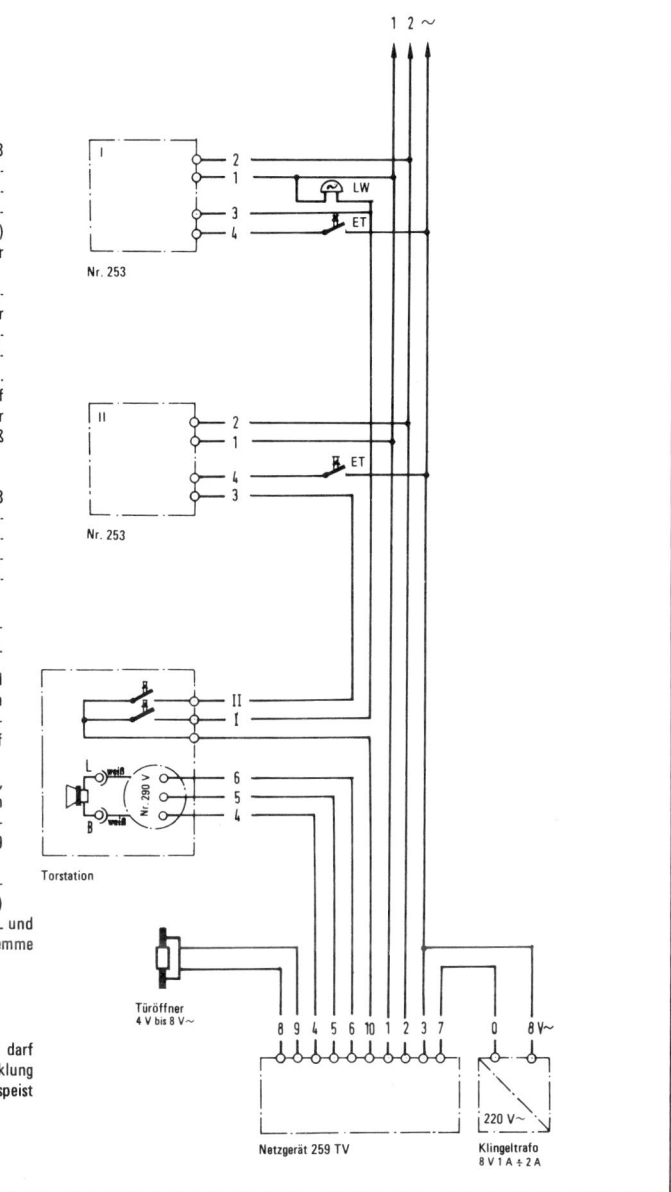

Wartung und Reparatur

Vorsichtsmaßnahmen

Den wichtigsten Grundsatz für alle Arbeiten an elektrischen Leitungen oder Verbrauchern habe ich bewußt oft wiederholt. Er lautet: Die Stromzufuhr muß vollständig unterbrochen sein. Selbst vor dem Auswechseln einer Glühlampe sollte man nicht nur den Schalter betätigen, sondern den Sicherungsautomaten ausschalten oder die Schmelzsicherung ausschrauben. Sonst könnte ein falscher Anschluß des Schalters üble Folgen haben. Bei Arbeiten an elektrischen Geräten, die mit Netzstecker und Zuleitungskabel angeschlossen werden, muß in jedem Fall der Netzstecker aus der Steckdose gezogen werden. Wird an elektrischen Leitungen selbst gearbeitet, so ist dafür zu sorgen, daß während der Arbeit niemand die Sicherung einschalten kann. Außer an diese Grundsätze muß sich der Elektro-Heimwerker auch daran halten, daß alle Arbeiten, die er durchführt, den gültigen Richtlinien entsprechen, wie sie in diesem Buch beschrieben sind. Wenn die Sicherung wieder eingeschaltet ist, darf die Spannung nur in den dafür vorgesehenen Leitern fließen, weil sonst Menschen mit der Netzspannung an den Bauteilen der einzelnen Verbraucher in Berührung kommen können.

Arbeiten an der Beleuchtung

Beim Auswechseln einer Glühlampe muß der Lichtschalter schon deswegen ausgeschaltet sein, weil eine neu eingesetzte Glühlampe sofort heiß wird, wenn sie Strom erhält, so daß man sich die Finger verbrennen würde.
Auch ist auf sicheren Stand zu achten, sofern ein Tritt oder eine Leiter benutzt werden muß. Keinesfalls darf man so un-

Unfallschutz

Durchgangsprüfung

Spannungsprüfung

Kontakte reparieren

fallträchtig vorgehen wie diejenigen, die auf einen Stuhl steigen, der seinerseits auf einem Tisch steht. Gelegentlich kann das Glas der Glühlampe zerspringen. Dann gibt es nur die Möglichkeit, den Lampensockel mit Hilfe einer Zange aus der Lampenfassung herauszuschrauben. Auch dabei muß der Lichtschalter ausgeschaltet werden, und aus Sicherheitsgründen ist nur isoliertes Werkzeug zu verwenden. Wer im Zweifel ist, ob eine Glühlampe defekt oder aber die elektrische Zuleitung unterbrochen ist, kann die herausgeschraubte Glühlampe auf Durchgang prüfen. Dafür eignen sich die Widerstandsmessung oder das »Durchklingeln« mit Hilfe eines Summers. Beide Vorgänge sind auf Seite 140 beschrieben. Die Anschlüsse der Prüfgeräte müssen dabei den Fußkontakt und den Gewindesockel berühren. Wird dabei festgestellt, daß die Glühlampe noch in Ordnung ist, so sollte man als nächsten Schritt untersuchen, ob an der Lampenfassung Spannung anliegt. Dazu dient der einpolige Spannungsprüfer, auch Phasenprüfer genannt, der erkennen läßt, ob der stromführende Leiter unter Spannung steht. Dabei muß der Schalter für die Lampe selbstverständlich eingeschaltet sein.

Nicht erkennen läßt sich bei dieser Prüfung, ob der Mittelleiter noch in Ordnung ist. Mit einem zweipoligen Spannungsprüfer kann dies überprüft werden, wobei die beiden Meßspitzen jeweils an die in der Fassung sichtbaren Kontakte für den Mittelleiter und den spannungsführenden Leiter angehalten werden. Wird bei dieser Prüfung festgestellt, daß die Spannungsversorgung in Ordnung ist, so müssen die beiden Kontakte so weit nachgebogen werden, daß sie den Fußkontakt und den Sockel der später einzuschraubenden Glühlampe tatsächlich auch berühren. Ehe allerdings an den Kontakten gebogen wird, muß natürlich der Schalter aus- und die Sicherung abgeschaltet oder herausgeschraubt werden. Das Biegen der Kontakte ist oft erst dann möglich, wenn der Mantel der Lampenfassung entfernt wird. Dann ist wie beim Auswechseln einer Fassung das Lampenglas oder der Lampenschirm zu entfernen.

Neue Fassung

Die Lampenfassung selbst besteht u. a. aus Kunststoff, aber überwiegend aus Metall. Wenn der Mantel der Lampenfassung von der Kappe abgeschraubt ist, kommt die Kontaktplatte zum Vorschein, an der an entsprechenden Klemmen der stromführende Leiter, der Mittelleiter und gelegentlich auch der Schutzleiter angeschlossen sind. An der Kappe der Lampenfassung ist oft eine Zugentlastung angebaut, mit der das Zuleitungskabel festgeklemmt ist. Dabei gibt es Konstruktionen, die mit einer seitlichen Klemmschraube oder mit einer Spannhülse arbeiten und das Kabel so festhalten, daß die Schrauben der Kontakte an der Kontaktplatte nicht erreicht werden können. Dann muß man die Zugentlastung lösen und das Kabel so weit nachziehen, daß die Schrauben erreicht werden können. Zum Austausch wird eine gleichwertige Fassung benötigt. Dabei ist wichtig zu wissen, ob es sich um Fassungen mit Sockel handelt, die in Nachttischlampen üblich sind, oder um Lampenfassungen der Art, die in Stehlampen, Deckenlampen oder Wandlampen verwendet werden.

Fassungsgröße

Bei der Zimmerbeleuchtung hat man es mit zwei verschiedenen Fassungsgrößen zu tun, für die es entsprechende Glühlampen gibt. Auf den Verpackungen der Glühlampen steht dafür die Bezeichnung E 27 oder E 14. Dabei bedeutet die Zahl den äußeren Durchmesser des Gewindesockels der Glühlampe in Millimetern. Der Buchstabe E steht für die Form des Gewindes, die erstmals von Thomas A. Edison verwendet wurde und mittlerweile längst international genormt ist.

Die Kappe der Lampenfassung ist oft über eine Gewindehülse mit dem Beleuchtungskörper verbunden. Beim Abschrauben der einzelnen Teile muß grundsätzlich darauf geachtet werden, daß sich das Kabel nicht mitdreht.

Kabelwechsel

Übrigens: Wenn ein Kabel gewechselt werden muß, so ist die gleiche Arbeit erforderlich, selbst wenn die Lampenfassung noch intakt ist. Wenn nicht nur am Decken- oder Wandanschluß, sondern auch an der Lampe ein gelbgrüner Schutzleiter vorhanden ist, dann müssen diese beiden Schutzleiter miteinander verbunden werden.

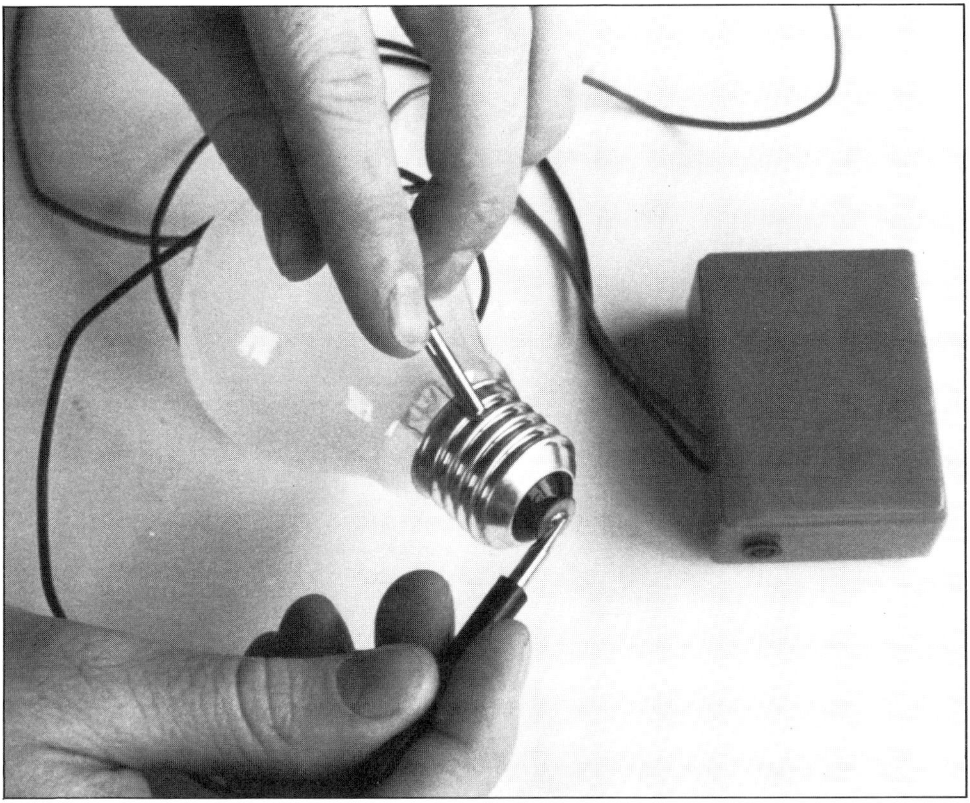

130
So kann man überprüfen, ob eine Glühbirne noch funktionsfähig ist.

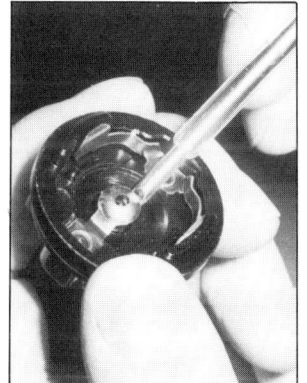
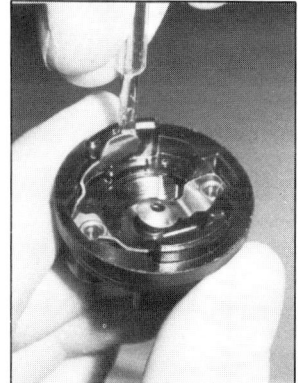

131
Manchmal müssen die Kontakte der Lampenfassung nachgebogen werden: Fußkontakt (links) = L1 Seitenkontakt (rechts) = PE

Linestra-Röhren

Stableuchten für Linestra-Röhren gibt es in Längen von beispielsweise 300 und 500 mm. Entsprechend steigt die Lichtausbeute bei dem Verbrauch von 35 oder 60 Watt. Derartige Röhren und Leuchten gibt es mit einem und auch mit zwei Fußkontakten, wobei die Röhren mit diesen Kontakten federnd in die Leuchten einrasten. Um die Röhren zu wechseln, müssen sie ohne zu verkanten aus den Sockelfassungen der Stableuchten herausgezogen werden. Dabei ist die Federkraft der Fassungen zu überwinden. Wer Stableuchten verwendet, sollte darauf achten, daß sie in Küchen nicht von unten an den Hängeschränken angebracht werden. Das häufige Auf- und Zuschlagen der Schranktüren mindert erheblich die Brenndauer der Linestra-Röhren.

Leuchtstofflampen

Leuchtstofflampen sind im Wohnbereich vielfach anzutreffen. Sie verbrauchen weit weniger Strom als Glühlampen und sind zudem recht langlebig. Häufiges Ein- und Ausschalten verkürzt allerdings wesentlich die Lebensdauer, weswegen es nichts schadet, bei kurzer Abwesenheit die Lampen brennen zu lassen. Sobald die Leuchtstoffröhre flackert oder trotz ständiger Zündimpulse nicht »anspringt«,

Austausch

ist anzunehmen, daß sie defekt ist. Um sie zu wechseln, dreht man die Röhre eine Viertel-Drehung um sich selbst und zieht sie aus den beiden an den Seiten installierten Fassungen heraus. Auf dem umgekehrten Weg wird die neue Röhre mit zwei Kontaktstiften an beiden Enden in die Fassungen hineingeschoben und durch eine Viertel-Drehung arretiert. Sollte das Auswechseln der Röhren erfolglos bleiben, so dürfte der Starter defekt sein. Um ihn auszutauschen, wird er so weit entgegen dem Uhrzeigersinn verdreht, daß seine Anschlußkontakte in der Fassung freikom-

Starteraustausch

men. Auf umgekehrte Weise wird ein neuer Starter eingebaut. In allen Fällen ist es wichtig, vorher den Strom abzuschalten.

Defekte Leuchtstoffröhren sollte man nicht einfach zerschlagen. Im Leuchtstoff ist Quecksilber enthalten, das hochgiftig ist.

132
*Im Bild wird der Aufbau einer gängigen
Lampenfassung gezeigt.*

133
*Eine Lampenfassung wird mit zwei
Drähten angeschlossen. Oft ist aber
auch ein Schutzleiteranschluß vorhanden, an den der grüngelbe Leiter anzuschließen ist.*

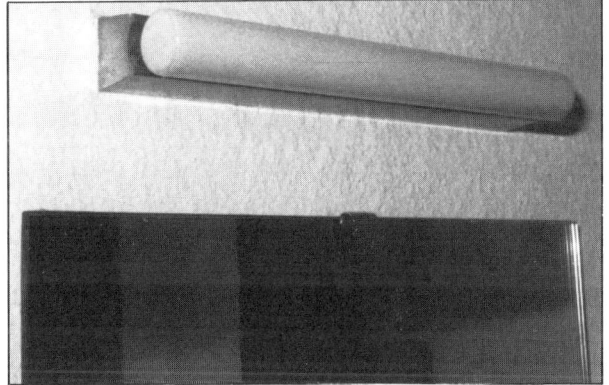

134
*Linestra-Röhren arbeiten wie Glüh-
lampen, doch sind sie »in die Länge
gezogen«.*

Selbsthilfe oder
Inanspruchnahme des
Fachmannes?

Defekte oder Störungen treten seltsamerweise immer dann auf, wenn abends, an Samstagen oder an Sonntagen kein Fachmann zu erreichen ist. So fällt das Fernsehgerät während des Fußballspiels am Samstag aus, das Bügeleisen streikt, wenn die Dame des Hauses noch schnell den Rock oder die Hose für den Nachwuchs aufbügeln will. Um vorweg zu entscheiden, ob das Gerät defekt ist oder die Wohnungsinstallation versagt, genügt es, an der entsprechenden Steckdose ein anderes Gerät zu erproben. Funktioniert dieses Gerät, so ist der vorher angeschlossene Verbraucher (vielleicht auch nur dessen Stecker) defekt. Video- und Rundfunkgeräte haben – wie viele Heimwerker wissen – Feinsicherungen. Im Schaltplan oder in Begleitpapieren steht auch, wo sie sitzen. Doch selten schmelzen diese Sicherungen ohne Grund durch. Ursache ist fast immer ein Fehler im Gerät, der ohne besondere Kenntnisse nicht behoben werden kann. Auch wer nur in das Radio- oder Fernsehgerät hineinschauen will, sollte vorher den Netzstecker ziehen. Aber auch dann ist noch Vorsicht geboten, weil solche Geräte in Kondensatoren über längere Zeit Spannung speichern, die bei Eingriffen ohne besondere Sachkenntnis gefährlich werden kann.

Überprüfen des Leitungsnetzes

Einpoliger Spannungsprüfer

Zweipoliger Spannungsprüfer

Wie man Leitungen auf ausreichenden Querschnitt prüft, ist auf Seite 50 ff. beschrieben. An den Kontakten von Schaltern und Steckdosen, aber auch dort, wo Gerätekabel im Gerät angeschlossen sind, kann man mit einem einpoligen Spannungsprüfer feststellen, ob Spannung anliegt. Dabei ist der Mensch – ungefährdet – Bestandteil der Meßschaltung, weshalb das Ende des Spannungsprüfers mit einem Finger oder der Hand berührt werden muß. Sobald aber der Mittelleiter defekt ist, läßt sich diese Methode nicht mehr anwenden. Dann hilft nur ein zweipoliger Spannungsprüfer, der wie ein Verbraucher in die Leitung geschaltet wird und anzeigt, ob Strom fließt. Deswegen berührt man – wie schon beschrieben – mit je einer Meßspitze des Spannungsprüfers den Kontakt des stromführenden Leiters und des Mittelleiters, wobei eine im Spannungsprüfer eingebaute Glimmlampe aufleuchtet, sobald eine Spannung von etwa 100 Volt oder mehr anliegt.

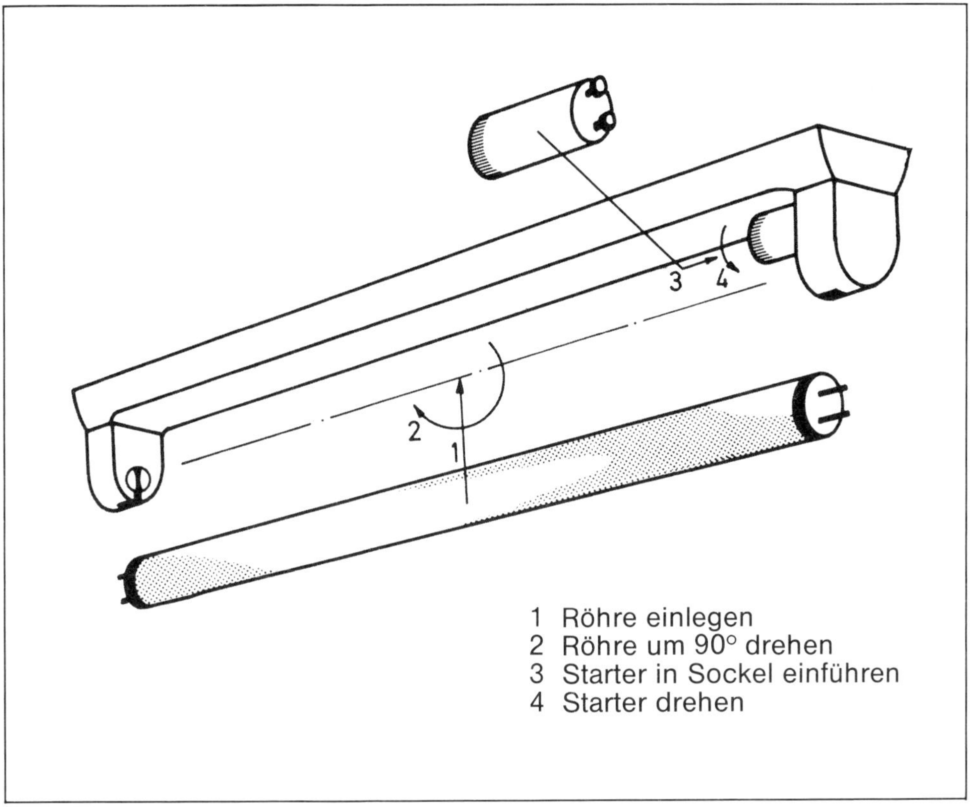

1 Röhre einlegen
2 Röhre um 90° drehen
3 Starter in Sockel einführen
4 Starter drehen

135 *(oben)*
Hier ist gezeigt, wie man die Leucht-
stoffröhre und den Starter auswech-
seln kann.

136 *(rechts)*
In vielen Elektrogeräten sind solche
Feinsicherungen eingebaut.

Anzeige von Niedrig-
spannung bei Gleich-
und Wechselstrom

Moderne Spannungsprüfer sind mit Leuchtdioden ausgerüstet, wobei es Geräte gibt, die bereits Niedrigspannun-
gen bei Gleich- und Wechselstrom anzeigen. Mit der zweipoligen Spannungsprüfung läßt sich feststellen, ob an
Steckdosen, in Schalterdosen, in Abzweigdosen oder innerhalb von Verbrauchern Spannung vorhanden ist. Auf
diese Weise läßt sich ein Fehler einkreisen.

Durchgangsprüfung

Wenn fraglich ist, ob zwischen zwei Anschlußpunkten eines
Leiters noch eine leitende Verbindung besteht, hilft die
Durchgangsprüfung. Dazu verwendet man Durchgangs-
meßgeräte, die akustisch als Durchgangsprüfsummer
oder optisch mit Anzeigelampen oder Leuchtdioden bei in-
takter Leitung Signal geben. Und wieder eine notwendige
Warnung: Bei Spannungsprüfungen an elektrischen Verbrauchern zwischen den Anschlüssen des stromführenden Leiters, des Mittelleiters, dem Gehäuse oder dem
Schutzleiter darf auf keinen Fall der Summer oder die Anzei-
gelampe angeschlossen werden! Jegliche Art der Durchgangsprüfung ist nur dann ungefährlich, wenn der Strom
abgeschaltet ist!

Drehfeld-Richtungs-
prüfung vom Fachmann

Drehstromsteckdosen müssen so angeschlossen werden,
daß sich ein »Rechtsdrehfeld« ergibt, wenn man die Steck-
buchsen von vorn im Uhrzeigersinn betrachtet. Dies ist eine
Forderung des VDE, die nur mit einem Drehfeld-Richtungs-
prüfgerät erfüllt werden kann. Ein solches Gerät hat jeder
Elektroinstallateur, weshalb diese Prüfung bei Neuinstalla-
tionen nur von einem Installateur durchgeführt werden
kann. Bei Erweiterungen ist jedoch die Prüfung leicht möglich, indem ein über einen Drehstromstecker angeschlossener Verbraucher mit Elektromotor an die neue Steckdose
angeschlossen wird. Der Verbraucher muß dann in der gleichen Richtung drehen wie zuvor. Ist dies nicht der Fall, so ist
an der neuen Steckdose einer der Leiter L1, L2, L3 gegen
einen anderen zu vertauschen.

In der Wand verlegte Leitungen lassen sich mit den heute
angebotenen Geräten leicht finden. Dabei unterscheidet
man zwischen Geräten, die auf elektrische Leitungen ebenso reagieren wie auf metallische Gegenstände, beispielsweise Wasserleitungen, und Leitungssuchgeräten, die
stromführende Leitungen und Metalle unterscheiden können.

Leitungssucher

Betrieben werden diese Geräte mit einer 9-V-Batterie, wobei leere Batterien natürlich das Ergebnis verfälschen. Um

Einstellen des Gerätes

sicher zu sein, daß die Anzeige funktioniert, probiert man deswegen das Gerät vor jedem Einsatz an einem Schalter oder einer Steckdose aus, von der entsprechend den Installationsregeln nach einer oder mehreren Seiten Kabel abgehen. Ist das Gerät in der Lage, die Kabel entlang der Wand zu verfolgen, so wird die gewählte Einstellung genügen, um andere Leiter zu finden. Man sollte ein solches Gerät stets auf die Wand richten, bevor man einen Nagel hineinschlägt oder ein Dübelloch bohrt. Denn selbst Installateure mit entsprechender Lizenz verlegen Leitungen schräg über die Wand.

137
*Mit diesem Durchgangsprüfsummer
können beispielsweise Leitungen auf
Durchgang überprüft werden.*

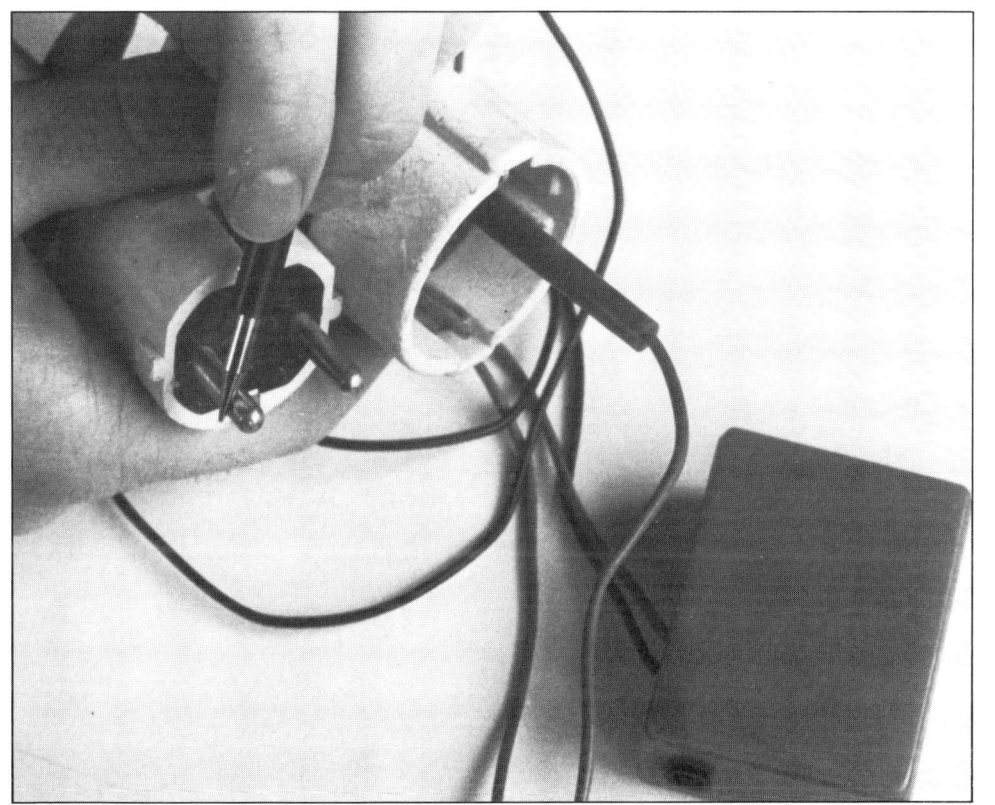

138
*Durchgangsprüfgeräte mit Anzeigen-
lampen können je nach Ausführung
auch noch Spannungen anzeigen und
Polaritäten prüfen.*

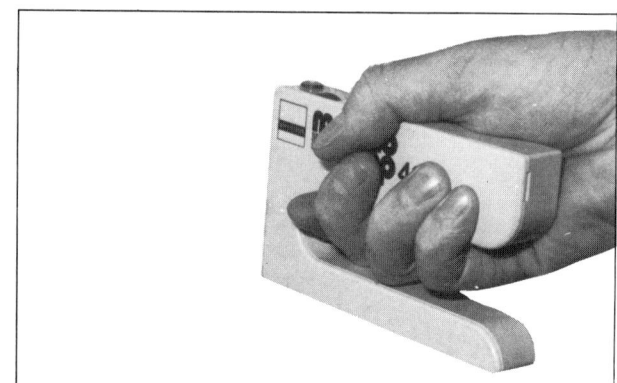

139
*Ein Leitungssuchgerät, mit dem strom-
führende Leiter in den Wänden geortet
werden können.*

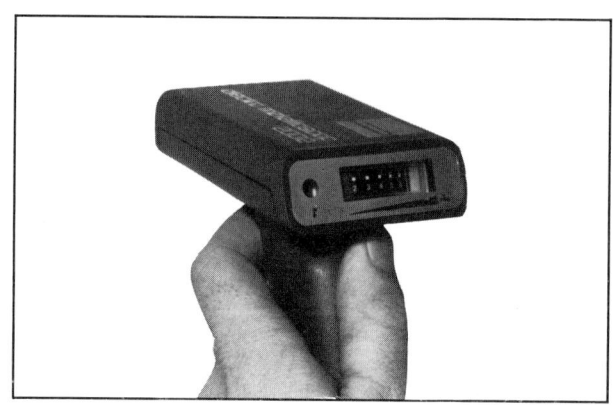

140
*Innerhalb der Wand kann dieses Lei-
tungssuchgerät zwischen stromführenden Leitern und Metallen unterscheiden.*

Schalter
und Steckdosen

Schalter ersetzen

Um einen defekten Schalter zu ersetzen, muß zuerst die Schmelzsicherung herausgeschraubt oder der Sicherungsautomat ausgeschaltet werden. Danach entfernt man die Abdeckplatte des Schalters, die entweder mit Schrauben am Schalter festgeschraubt oder über einen Klemm-Mechanismus schraubenlos mit ihm verbunden ist. Der Schalter selbst ist wiederum mit zwei Schrauben befestigt, und zwar entweder an seinem Rand in Bohrungen der Schalterdose oder mit zwei Schrauben, die mechanisch die Spreizkrallen in die Wände der Schalterdose drücken. Nach dem Lösen der Schrauben läßt sich der Schalter mit den Anschlußdrähten herausziehen. Bevor man die Drähte am Schalter löst, sollte man festhalten, wie der Schalter angeschlossen ist – notfalls schriftlich. Nach den Regeln wird der schwarze Leiter den Strom führen. Wenn man das genau wissen will, schaltet man die Sicherung ein und nimmt eine Spannungsprüfung vor. Die Sicherung dann bitte wieder abschalten! Der blaue Leiter – früher war er grau – ist der Mittelleiter. Der grüngelbe Schutzleiter (früher war er rot) ist bei Schaltern nicht zu finden. Deswegen haben Schalter

Schalter haben
keine Erdungsklemme

auch keine Erdungsklemme. Die Drähte, die vom Schalter zur Lampe führen, sind oft blau oder auch braun.

Im Zweifelsfall kennzeichnet man mit Kreppstreifen, die mit Kugelschreiber beschriftet werden können, die entsprechenden Drähte, damit man sie in gleicher Weise an den neuen Schalter anschließt. Mehr ist über den Schalteranschluß auf Seite 94 gesagt, wobei hier nur vermerkt sein soll, daß Schalter nur an einer Klemme mit dem Buchstaben P bezeichnet sein können. Wenn der richtige Anschluß auf Anhieb nicht erkannt werden kann, sollte man mit der Durchgangsprüfung feststellen, wie er funktioniert.

Steckdose ersetzen

Um eine defekte Steckdose zu wechseln, wird zunächst die Abdeckplatte abgeschraubt. Danach werden die Schrauben gelöst, mit denen die Steckdose in der Gerätedose festgeklemmt ist. Dann läßt sich die Steckdose mit den angeschlossenen Drähten herausziehen, wobei diese Drähte in gleicher Weise an die neue Steckdose anzuschließen sind. Der stromführende Leiter, der nach den Regeln schwarz isoliert ist, wird an nicht mehr als einer Klemme angeschlossen. Diese Klemme darf zu den nach außen vorstehenden Schutzkontakten keinerlei Verbindung haben. An der zweiten Klemme ist der Mittelleiter anzuschließen (blau, früher auch grau). An den nach außen vorstehenden

Anschluß

Schutzkontakten wird der Schutzleiter angeschlossen (heute grüngelb, früher rot). Sollte sich beim Auswechseln der Steckdose herausstellen, daß aus der Wand nur zwei Adern kommen, so wird die auf den Seiten 20 und 81 beschriebene direkte oder klassische Nullung nicht zu umgehen sein. Dann wird zwischen dem Kontakt, an dem der Mittelleiter angeschlossen ist, und den Schutzleiterklemmen eine Brücke gelegt. Nach dem Montieren der Steckdose und dem Festschrauben der Abdeckplatten muß zur eigenen Sicherheit mit einem Spannungsprüfer festgestellt werden, ob an den Schutzkontakten nicht doch versehentlich der stromführende Leiter angeschlossen wurde. Man

Prüfung mit
einpoligem Spannungsprüfer

schaltet die Sicherung wieder ein und prüft dies mit einem einpoligen Spannungsprüfer an den Schutzkontakten. Eine weitere Prüfung mit einem zweipoligen Spannungsprüfer

Funktionsprüfung

an beiden Kontakten oder eine Funktionsprüfung mit einem elektrischen Verbraucher gibt Gewißheit darüber, daß die Steckdose auch ihre Funktion erfüllt.

Das zuvor Gesagte gilt dann, wenn die defekte Steckdose bereits als Schutzkontaktsteckdose ausgebildet war. In Altbauten kommt es aber noch immer vor, daß Steckdosen ohne Schutzkontakt installiert sind. In diesem Fall gelten folgende Vorschriften:

Altbauten

1. Beim Einbau einer Schutzkontaktsteckdose muß der Schutzleiter PE oder der Nulleiter PEN in jedem Fall angeschlossen werden.
2. Sobald nur eine Steckdose im Raum als Schutzkontaktsteckdose installiert wird, müssen auch alle anderen Steckdosen im gleichen Raum als Schutzkontaktsteckdosen installiert werden.

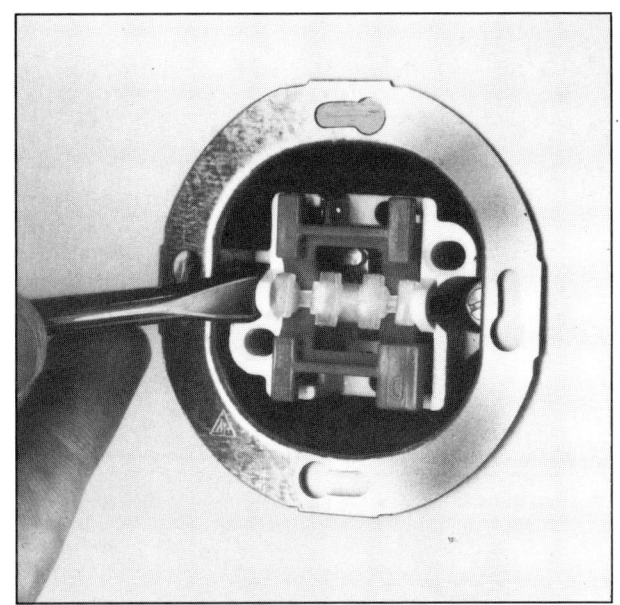

141 a
Nach dem Abschalten des Stromes löst man die Schrauben der Spreizkrallen,...

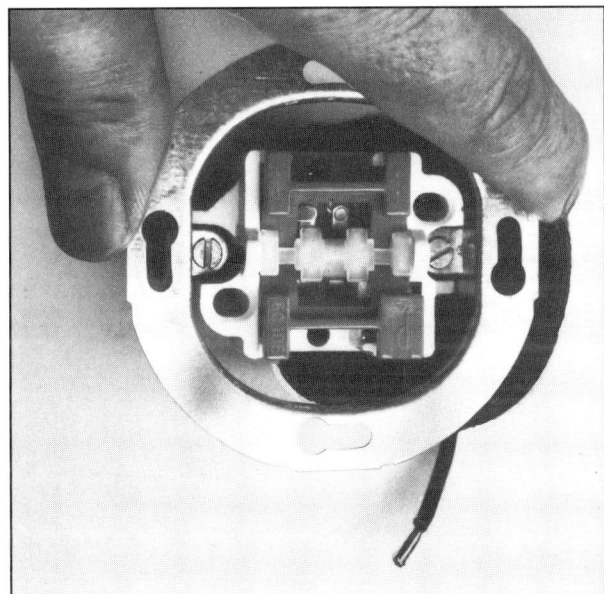

141 b
... zieht den Schaltereinsatz heraus und löst die Leiter von den Klemmen.

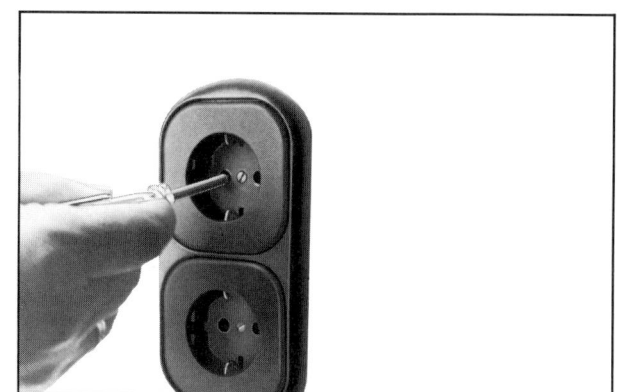

142 a
*Die Funktionsprüfung an der Steck-
dose geschieht mit einem einpoligen
Spannungsprüfer...*

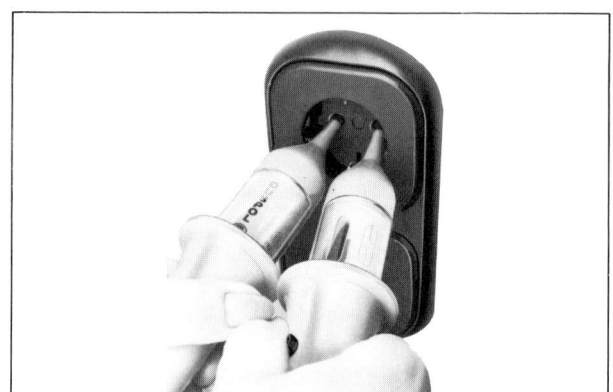

142 b
*... mit einem zweipoligen Spannungs-
prüfer ...*

142 c
... oder mit Hilfe eines Verbrauchers.

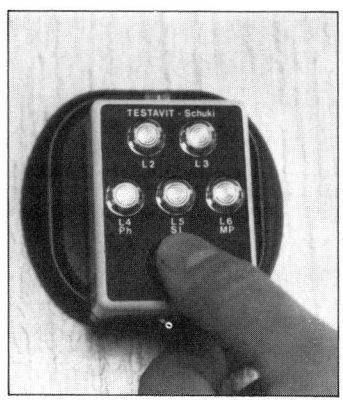

Die komplette und perfekte Prüfung ermöglicht ein Steck-dosenprüfgerät wie das Testavit-Schuki für »genullte und schutzgeerdete Netze« mit 220 Volt Wechselspannung. Auch Verlängerungskabel lassen sich so prüfen. Folgende Prüfungen sind möglich:

● Steckdose ist richtig angeschlossen.
● Schutzleiter fehlt, oder ist unterbrochen.
● Nulleiter fehlt, oder ist unterbrochen.
● Phase und Schutzleiter sind vertauscht.
● Phase und Schutzkontakt sind vertauscht, und außer-dem fehlt der Schutzleiter oder ist unterbrochen.
● Schließlich kann überprüft werden, ob die Gefahr einer Spannungsverschleppung vorliegt.

143
Das Testavit-Schuki-Prüfgerät für Steckdosen.

144
Ein Kraftstecker zum Übertragen von Drehstrom hat fünf Kontaktstifte.

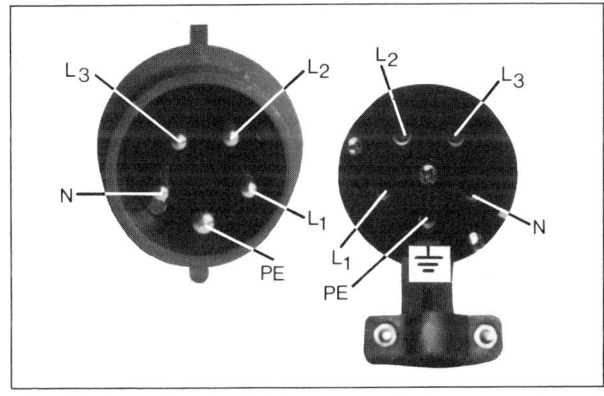

145
Die einzelnen Leiter haben festgelegte Anschlußpositionen. Von der Anschluß-seite aus sind die Klemmen beschrif-tet.

146
*Schutzisolierte Geräte haben Stecker
ohne Schutzleiteranschluß.*

Drehstromanschluß

Steckeranschluß

Steckdosenprüfung

Verschlußdeckel

Mit Kraftsteckern sowie Kraftkupplungen nach CEE werden Zuleitungen oder Verlängerungskabel bestückt, über die die Verbraucher mit Drehstrom zu versorgen sind. Der Stecker hat fünf Kontaktstifte, die Kupplung fünf Kontaktbuchsen. Während die Kontaktbelegung bei Kraftkupplungen analog der bei Kraftwandsteckdosen entspricht, die auf Seite 143 beschrieben ist, muß der Steckeranschluß genau spiegelbildlich erfolgen: Bei der Ansicht der Vorderseite auf die Kontaktstifte des Steckers wird der Schutzleiter PE (grün/gelb) am dicken Stift angeschlossen, der genau vor dem Unverwechselbarkeitsnocken liegt. Auf den anderen vier Kontaktstiften liegen vom Unverwechselbarkeitsnocken aus im Uhrzeigersinn die Phasen N, T3 = L3, S2 = L2 und R1 = L1. Sollte sich ein angeschlossener Motor in verkehrter Richtung drehen, werden L1 mit L2, L1 mit L3 oder L2 mit L3 vertauscht, damit der Motor wieder richtig dreht. Unabhängig davon sollte man vor dem Anschluß des Kraftsteckers die Kraftsteckdose daraufhin überprüfen, ob an der richtigen Stelle der Mittelleiter angeordnet ist. Eine entsprechende Prüfung muß auch nach dem Anschluß einer Kraftkupplung vorgenommen werden.

Kraftstecker und Kupplungen nach CEE gibt es mit zentraler wie auch mit seitlicher Leitungsführung und jeweils mit Kabelknickschutz. Die jeweiligen Stecker haben Nocken, die nach dem Einstecken des Steckers in eine Kraftwandsteckdose oder Kraftkupplung von deren Verschlußdeckeln gegen unbeabsichtigtes Leitungstrennen verriegelt werden.

Steckverbindungen

Schutzkontaktstecker und Schutzkontaktkupplungen müssen hin und wieder gewechselt werden. Die Notwendigkeit ergibt sich, wenn ein Stecker oder eine Kupplung aus nicht bruchfestem Material auf den Boden fällt, oder wenn eine flexible Leitung, ein Kabel, offenkundig brüchig wird.

Grundlegende Hinweise

Bevor auf Einzelheiten eingegangen wird, geht es in's Grundsätzliche: Bei einem Stecker dürfen die Steckerstifte niemals Spannung führen. Das wäre der Fall, wenn jemand auf die Idee käme, eine Verlängerungsschnur an beiden Enden mit Steckern auszurüsten. Auch dürfen an einem Stecker nur ortsveränderliche Leitungen angeschlossen werden. Pro Stecker darf nur ein Kabel angeschlossen werden, wobei auch Abzweigstecker jeglicher Art verboten sind. Steckvorrichtungen in Verbindung mit Lampenfassungen oder -sockeln sind verboten! Auch sind Gerätestecker mit einer Federkabelentlastung nicht mehr zulässig.

Schutzisolierte Geräte haben flexible Zuleitungen, bei denen die Kabel in vergossenen Steckern enden. Die Stecker haben zwei leicht schrägstehende Anschlußstifte und keine seitlichen Schutzkontakte. Dennoch passen diese Stecker in normale Schutzkontaktsteckdosen. Im Falle eines Kabeldefektes wird entweder ein neues Kabel mit angegossenem Stecker oder ein normaler Schutzkontaktstecker angeschlossen, dessen Schutzkontakte jedoch frei bleiben.

Steckerform und Gehäuse

Schutzkontaktstecker stehen als Winkel- und als Geradeausstecker zur Verfügung, wobei die Gehäuse ein- oder zweiteilig, aus nicht schlagfestem Kunststoff, aus schlagfestem Kunststoff oder aus dickwandigem Gummi bestehen können. Denn für den normalen Haushaltsgebrauch, für stärkere Beanspruchung wie beispielsweise in der Heimwerkstatt und für den »rauhen Betrieb« wie bei Verlängerungskabeln an Baustellen oder im Garten werden unterschiedliche Anforderungen an das Material gestellt.

Mit passenden Gehäusemaßen stehen Schutzkontaktkupplungen zur Verfügung, die als Gegenstück zu Schutzkontaktsteckern dann gebraucht werden, wenn der Stromtransport über flexible Leitungen und längere Distanzen nur mit Hilfe von Verlängerungskabeln möglich ist. Wie die Schutzkontaktsteckdosen haben die Kupplungen federnde Kontakthülsen für die beiden Stecker-Kontaktstifte und

Kupplungen

Gegenkontakte für die Steckerschutzkontakte. Ein Schutz-
kragen rund um die Kupplung verhindert, daß die Kontaktstifte des Steckers, die beim Zusammenstecken Strom erhalten, berührt werden können. Einige elektrisch betriebe-

Gerätesteckdosen

ne Geräte besitzen Gerätesteckdosen statt fest angeschlossener Zuleitungen. Ihr Betrieb erfordert Zuleitungskabel, die an einem Ende Schutzkontaktstecker und am
anderen Ende dreipolige Steckdosen mit Schutzkontakt
haben. Diese Steckdosen sind je nach Geräteanschluß als
Winkel- oder Geradeaussteckdosen erhältlich. Vorformen
dieser Anschlußart gibt es heute noch: Geräte, die mit Zulei-
tungskabeln angeschlossen werden, an deren Ende eine
zweipolige Schutzkontaktgerätesteckdose mit außenlie-
gendem Schutzkontakt installiert ist. Und schließlich gibt es

Ausschalter

Schutzkontaktstecker mit Ausschaltern, mit denen die angeschlossenen Geräte an- und ausgeschaltet werden können.

Stecker und
Kupplungen wechseln

Um Stecker oder Kupplungen zu wechseln, öffnet man zuerst das Gehäuse. Dabei ist zu beachten, daß aus einteili-
gen Gehäusen der innere Einsatz herausgezogen werden
muß, um an die Klemmschrauben zu kommen. Umgekehrt
muß ein solches Gehäuse vor Anschluß der Klemmschrauben an den Adern über das Kabel geschoben werden, weil
man sonst das Gehäuse nicht mehr aufschieben kann. Bei

Auf Dreiadrigkeit
achten!

derartigen Kabeln müssen immer solche mit drei Adern
verwendet werden, damit der Schutzkontakt auch tatsächlich angeschlossen werden kann.

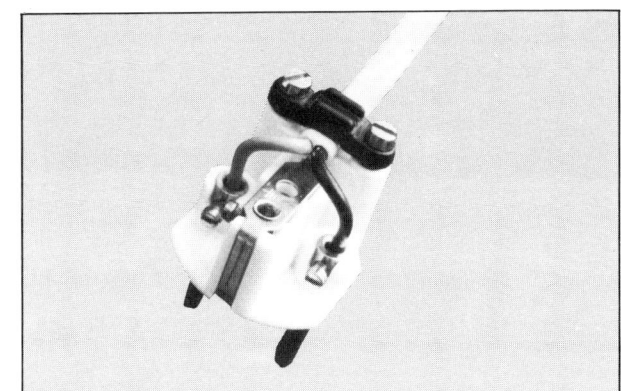

147
Das ist ein Sonderfall: Der Schutzkontaktstecker enthält keinen Schutzleiteranschluß.

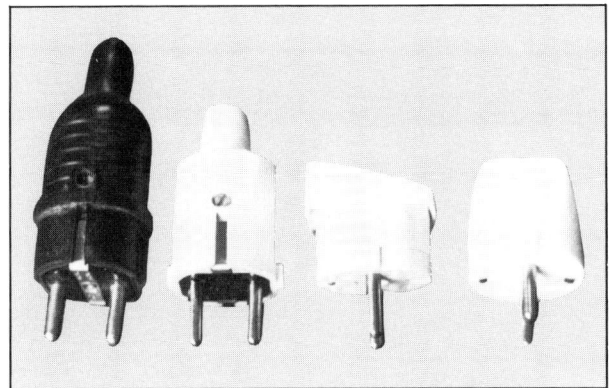

148
Eine Auswahl von Schutzkontaktsteckern der verschiedensten Bauformen.

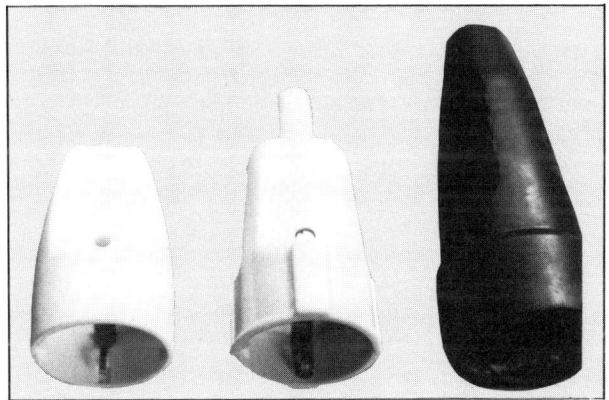

149
Schutzkontaktkupplungen in vielerlei Ausführungen.

Abisolieren

Auf eine Länge von 4 bis 5 cm isoliert man das Kabelende ab, wobei zu beachten ist, daß die drei innenliegenden Einzeladern weder selbst noch an ihrer Isolation verletzt werden. Danach öffnet man an Stecker oder Kupplung die Lasche der Kabelzugentlastung, schiebt das Kabel so weit unter dieser Lasche hindurch, daß die Isolation vorn wieder zum Vorschein kommt, und klemmt mit dieser Lasche das Kabel fest.

Entsprechend der Stecker- oder Kupplungskonstruktion werden die einzelnen Adern dann auf Länge abgezwickt, wobei zu beachten ist, daß der Schutzleiteranschlußdraht länger bleibt als die Adern der Außenleiter. (Dies hat den Zweck, daß beim Versagen der Kabelzugentlastung und dem Herausreißen des Kabels die Schutzleitung als letzte unterbrochen werden kann.) Dann entfernt man mit einer Abisolierzange oder notfalls mit einem scharfen Messer die Aderisolation auf die Länge, die nötig ist, um die Enden in den Klemmschrauben unterzubringen.

Klemmen

Dabei gibt es zwei Systeme: das Klemmen der in eine Bohrung gesteckten Ader durch eine quer angeordnete Schraube oder das Klemmen der Ader unterhalb eines Schraubenkopfes. Im letzten Fall legt man die einzelne Ader so unter den Schraubenkopf, daß sie beim Anziehen der Schraube nicht fortgedrückt wird. Was das bedeutet, kann man sich leicht vergegenwärtigen: Folgt man dem Kabel entlang der Ader, so muß das Aderende links neben dem Gewinde der Schraube angeordnet werden. Damit die einzelnen Drähtchen der Adern keine leitenden Brücken bilden, hat man diese früher mit den Fingern verzwirbelt und mit Lötzinn verzinnt. Weil das Zinn aber zu Kaltfluß neigt, besteht die Gefahr, daß sich die Klemmverbindungen lösen. Eine Überhitzungs- und Brandgefahr könnte danach

Aderendhülsen verwenden!

auftreten. Richtig ist es deswegen, Aderendhülsen zu verwenden, die über die Drähtchen geschoben und mit ihnen zusammen festgeklemmt werden.

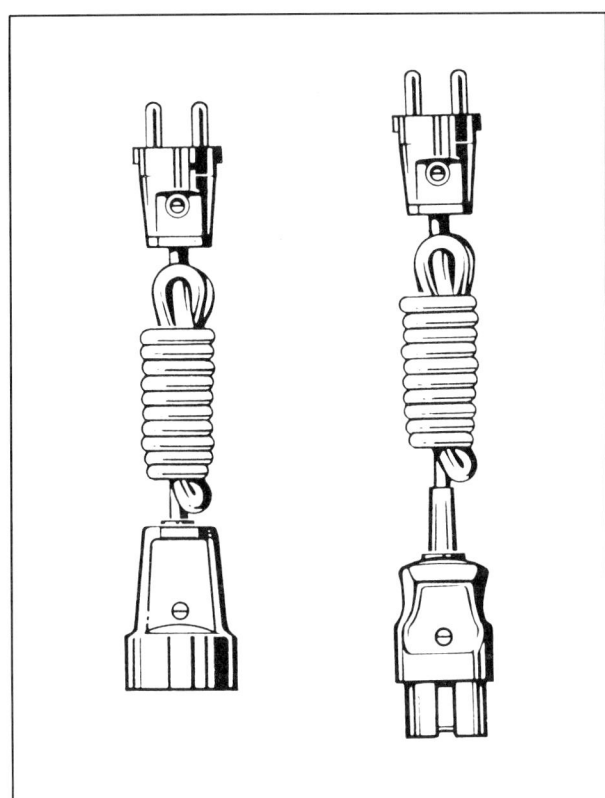

150 (links im Bild)
Ein Verlängerungskabel, welches mit einem Schutzkontaktstecker und einer Schutzkontaktkupplung versehen ist.

(rechts im Bild)
Gerätezuleitungen dieser Art sind immer noch anzutreffen, wobei solche Kupplungen verwendet werden sollen, die außenliegende Schutzkontakte haben.

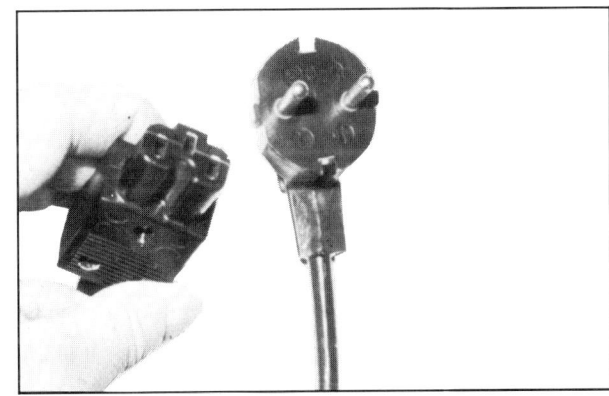

151
Gerätesteckdosen, besonders für Warmgeräte sehen heute so aus.

Prüfung vor dem
Verschließen

Bevor man den Stecker oder die Kupplung verschließt, muß man sich vergewissern, daß keine Litzendrähte freiliegen, daß der grüngelbe Schutzleiter nirgendwo anders als am Schutzleiteranschluß befestigt ist und daß beim Verschließen der Stecker- oder Kupplungshälfte kein Kabel eingeklemmt wird.

Zuleitungskabel für Elektrogeräte mit höherer Leistungsaufnahme wie beispielsweise Anschlußkabel von Bügeleisen, müssen höchst flexibel sein, um der häufig wechselnden Bewegung lange standzuhalten.

Trotzdem brechen die Drähte innerhalb der Isolierung oft durch, wobei manchmal die Litzendrähte sogar nach außen treten. Dies ist äußerst gefährlich, weshalb schon beim Verdacht auf einen Defekt diese Kabel gewechselt werden müssen.

Auf Schutzader achten!

Der Handel hält eigens gefertigte Anschlußkabel für Bügeleisen bereit, die man in der Weise austauscht wie das alte Kabel angeschlossen war. Besonders wichtig ist es, daß die grüngelbe Ader am Gerät und im Stecker als Schutzader angeschlossen wird.

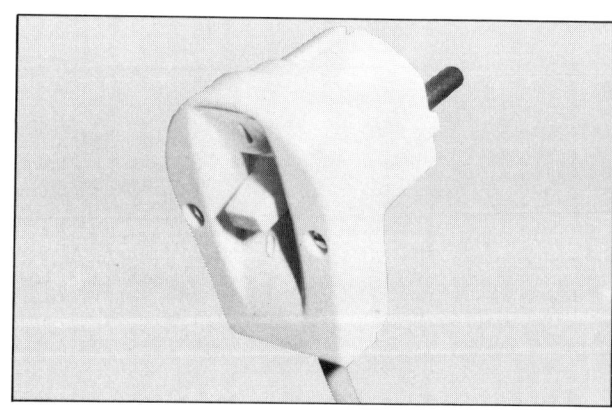

152
Unter den vielen Sonderausführungen gibt es auch Schutzkontaktstecker mit Ausschaltern.

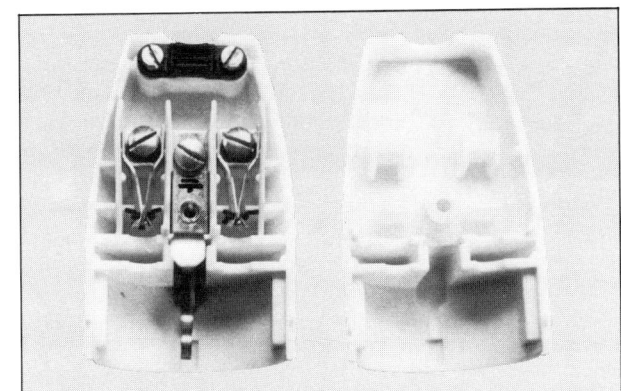

153
Beispiel einer geöffneten Schutzkon-
taktkupplung ...

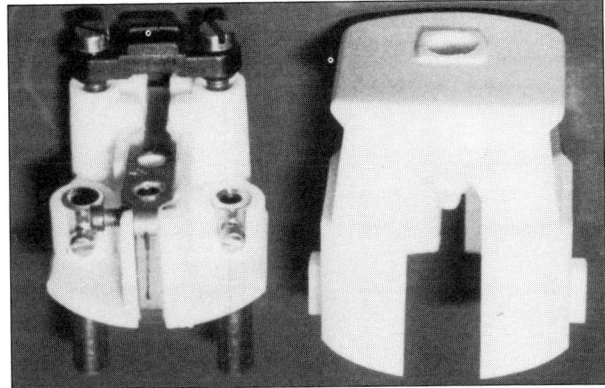

154
... während hier ein geöffneter Schutz-
kontaktstecker zu sehen ist.

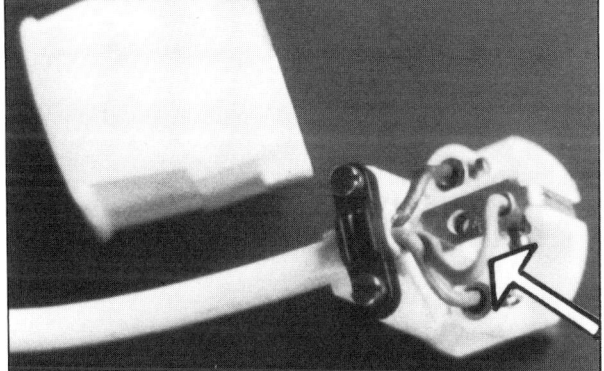

155
Der Schutzleiter im Stecker wird länger
gelassen, als die beiden anderen Leiter.

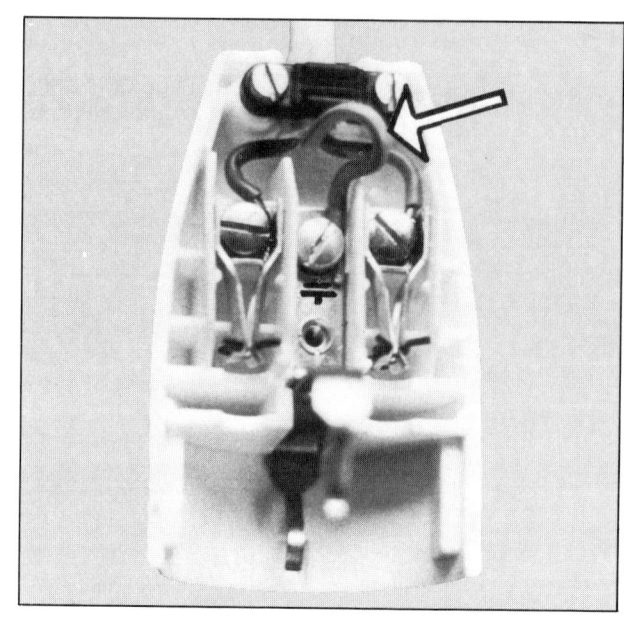

156
Auch bei der Schutzkontaktkupplung bleibt der Schutzleiter länger als die beiden anderen Anschlußleitungen.

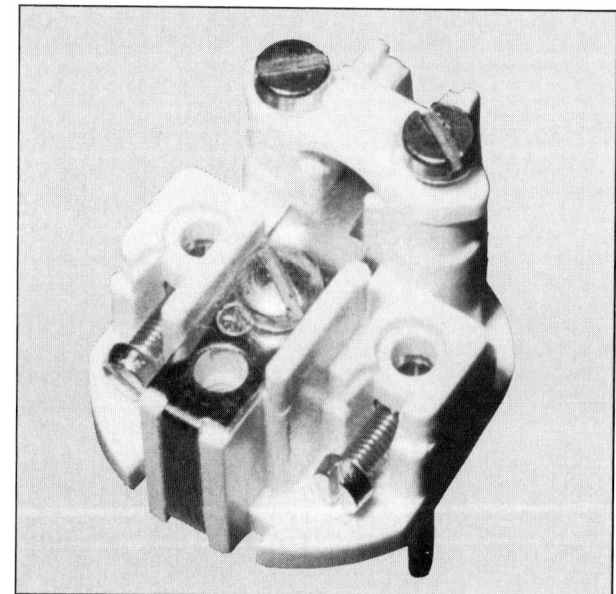

157
Anschlußklemmen gibt es als Bohrungen, in die man quer eine Schraube drückt, …

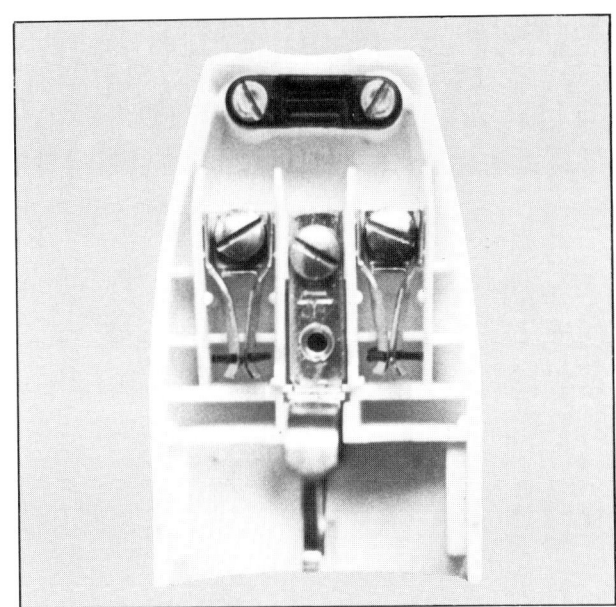

158
*... oder derart, indem die Ader unter
den Schraubenkopf geklemmt wird.*

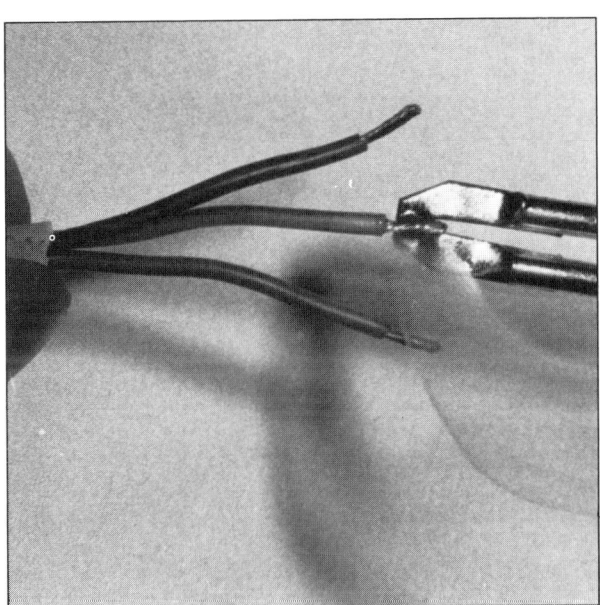

159
Die Aderenden wurden früher verzinnt.

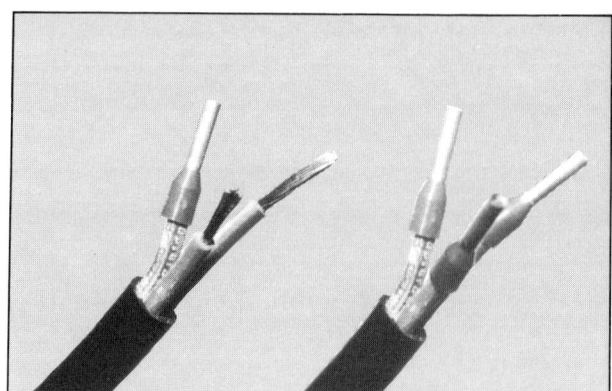

160
*Aus Sicherheitsgründen verwendet
man heute aber Aderendhülsen.*

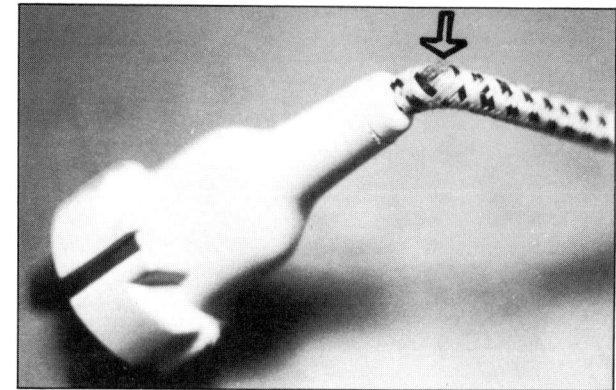

161
*An dieser Stelle ist das Bügeleisenka-
bel gebrochen. Ein solcher Defekt muß
sofort beseitigt werden!*

Bildquellennachweis

düwi GmbH, 5805 Breckerfeld
Bilder 52, 62, 63, 66, 75, 76, 77, 80, 81, 85, 86, 91, 92, 95, 96,
102, 103, 104 a + b, 105, 106, 115, 116, 141 a + b, 142 a, b + c, 150

A. Grothe & Söhne KG, 5000 Köln 51
Bilder 126, 127, 128, 129

Hermann Kleinhuis GmbH & Co. KG, 5880 Lüdenscheid
Bild 54

Rausch & Pausch, 8672 Selb
Bild 6

P. W. Weidling & Sohn GmbH & Co. KG, 4400 Münster
Bilder 48, 49, 50, 51, 73

Alle übrigen Abbildungen stammen vom Verfasser.

Stichwortregister